Metodologia do Ensino de

Matemática e Física

Os livros que compõem esta coleção trazem uma abordagem do ensino de Matemática e Física que objetivam a atualização de estudantes e professores, tendo em vista a realização de uma prática pedagógica de qualidade. Apoiando-se nos estudos mais recentes nessas áreas, a intenção é promover reflexões fundamentais para a formação do profissional da educação, em que a pesquisa tem papel essencial. Além de consistência teórica, as obras têm como princípio norteador a necessidade de a escola trabalhar com a aproximação entre os conceitos científicos ensinados e a realidade do aluno.

Volume 1
Didática e Avaliação: Algumas Perspectivas da Educação Matemática

Volume 2
Didática e Avaliação em Física

Volume 3
Professor-Pesquisador em Educação Matemática

Volume 4
Professor-Pesquisador no Ensino de Física

Volume 5
Tópicos de História da Física e da Matemática

Volume 6
Jogos e Modelagem na Educação Matemática

Volume 7
Tópicos Especiais no Ensino de Matemática: Tecnologias e Tratamento da Informação

Volume 8
Física Moderna: Teorias e Fenômenos

Marcelo Wachiliski

Didática e Avaliação:
Algumas Perspectivas da Educação Matemática

Informamos que é de inteira responsabilidade do autor a emissão de conceitos.

Nenhuma parte desta publicação poderá ser reproduzida por qualquer meio ou forma sem a prévia autorização da Editora InterSaberes.

A violação dos direitos autorais é crime estabelecido na Lei nº 9.610/1998 e punido pelo art. 184 do Código Penal.

Foi feito o depósito legal.

Rua Clara Vendramin, 58 . Mossunguê
CEP 81200-170 . Curitiba . PR . Brasil
Fone: (41) 2106-4170
www.intersaberes.com
editora@editoraintersaberes.com.br

Conselho editorial
Dr. Ivo José Both (presidente)
Drª. Elena Godoy
Dr. Nelson Luís Dias
Dr. Neri dos Santos
Dr. Ulf Gregor Baranow

Editora-chefe
Lindsay Azambuja

Supervisora editorial
Ariadne Nunes Wenger

Analista editorial
Ariel Martins

Análise de informação
Eliane Felisbino

Revisão de texto
Schirley Horácio de Gois Hartmann

Capa
Denis Kaio Tanaami

Projeto gráfico
Bruno Palma e Silva

Diagramação
Rafaelle Moraes

Dados Internacionais de Catalogação na Publicação (CIP)
(Câmara Brasileira do Livro, SP, Brasil)

Wachiliski, Marcelo
   Didática e avaliação: algumas perspectivas da educação matemática/
Marcelo Wachiliski. – Curitiba: InterSaberes, 2012. – (Coleção Metodologia do
Ensino de Matemática e Física, v. 1).

   Bibliografia.
   ISBN 978-85-8212-334-8

   1. Aprendizagem – Avaliação 2. Didática 3. Matemática – Estudo e ensino
4. Prática de ensino 5. Professores – Formação profissionais I. Título. II. Série.

12-09238   CDD-510.7

Índices para catálogo sistemático:
1. Matemática: Estudo e ensino 510.7

1ª edição, 2012.

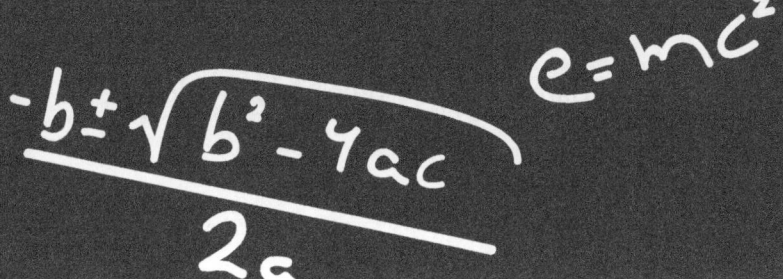

Sumário

Apresentação, 5

Didática da Matemática: principais correntes no Brasil, 11
Síntese, 19
Atividades de Autoavaliação, 20
Atividades de Aprendizagem, 23
Atividades Aplicadas: Prática, 23

Didática da Matemática: resolução de problemas, 25

Síntese, 47

Atividades de Autoavaliação, 47

Atividades de Aprendizagem, 50

Atividades Aplicadas: Prática, 50

Indicações culturais, 51

Avaliação e Matemática: um breve panorama, 53

Síntese, 75

Atividades de Autoavaliação, 76

Atividades de Aprendizagem, 79

Atividades Aplicadas: Prática, 79

Indicações culturais, 79

Avaliação em Educação Matemática: teorias e práticas, 81

Síntese, 93

Atividades de Autoavaliação, 93

Atividades de Aprendizagem, 96

Atividades Aplicadas: Prática, 96

Indicações culturais, 97

Considerações finais, 99

Glossário, 101

Referências por capítulo, 105

Referências, 111

Bibliografia comentada, 117

Gabarito, 121

Sobre o autor, 125

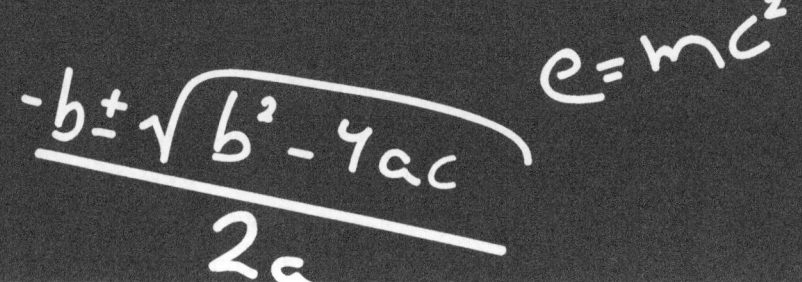

Apresentação

Este livro traz aportes teóricos e exemplos de práticas pedagógicas que se referem a aspectos tanto da didática como da avaliação em Matemática. Assim, pretendemos subsidiar os profissionais que, no processo de ensino-aprendizagem, trabalham ou que venham a trabalhar de forma reflexiva na Educação Matemática de crianças, jovens, adultos e idosos.

Para isso, esta obra organiza-se em quatro capítulos. No primeiro o assunto a ser abordado é a didática da Matemática, que possui várias interpretações em diferentes lugares do mundo. Aqui tratamos da

Didática da Matemática Francesa. No Brasil, percebem-se várias correntes, sendo as principais a francesa e a norte-americana. Em termos gerais, a primeira é extremamente rigorosa e sistemática e gerou diversas expressões conhecidas no campo educacional, tais como Transposição Didática, Contrato Didático, entre outras. Já a segunda vertente, fundamentada na teoria da epistemologia genética de Jean Piaget, é mais empirista, ou experimental, e busca o desenvolvimento do conhecimento matemático de maneira "menos rígida" do que na linha francesa.

No segundo capítulo sobre didática da Matemática, tratamos de uma das tendências em Educação Matemática mundial, a Resolução de Problemas. Essa é sem dúvida a tendência, ou até mesmo a metodologia, mais empregada no ensino da Matemática no mundo todo. É interessante observar que, apesar de ter sido utilizada pela humanidade desde muito cedo, conforme apontam alguns registros históricos, como os presentes nos Papiros de Rhind, de aproximadamente 1650 a.C., somente a partir de 1980 são divulgadas as primeiras pesquisas científicas realizadas sobre a Resolução de Problemas de Matemática. Entre esses estudos, destacam-se as pesquisas realizadas por Polya (1995), que podem ser observadas em seu livro *A arte de resolver problemas*, e os estudos de Butts (1997), que propõe algumas categorias de problemas matemáticos de maneira bem "didática" para o ensino da Matemática.

Os capítulos seguintes apresentam questões sobre o processo de avaliação em Matemática. Com isso, acreditamos que os profissionais que fizerem uso de algumas das orientações teóricas e das sugestões de práticas pedagógicas apresentadas neste livro terão ampliado as suas possibilidades de reflexão sobre o complexo processo de ensino-aprendizagem e da construção de uma Educação Matemática mais embasada em pesquisas científicas.

Para isso, no terceiro capítulo são discutidas algumas noções sobre avaliação, currículo, educação e algumas das avaliações externas sobre o conhecimento matemático existentes no país.

No quarto e último capítulo, apresentamos resultados de algumas pesquisas científicas sobre a avaliação em Matemática na perspectiva da área de Educação Matemática, que cresce mundialmente. Propomos, assim, diversas possibilidades de reflexão sobre o complexo processo de avaliação da Educação Matemática por parte dos profissionais dessa área do conhecimento.

Cabe ressaltar ainda que, ao final da obra, foi incluído um glossário com os principais termos e conceitos mencionados ao longo do livro, que aparecem indicados pela presença do ícone ≡.

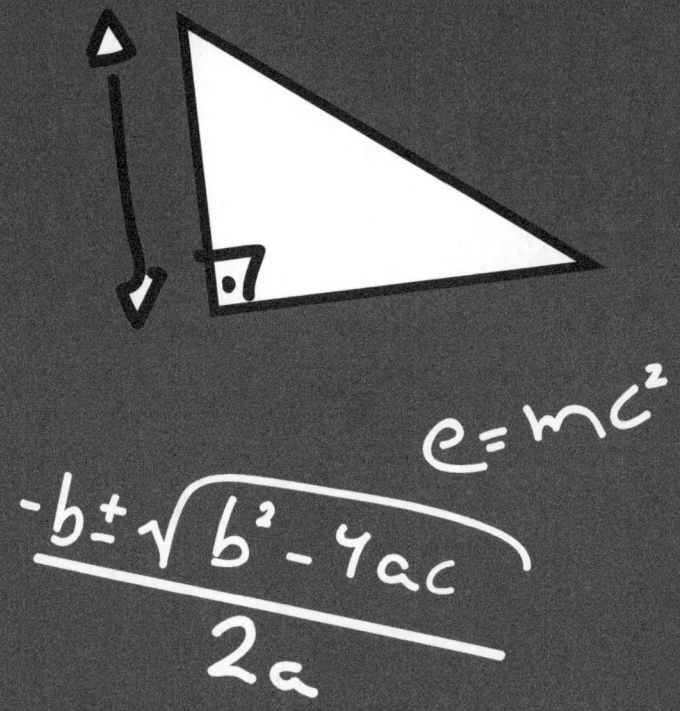

Capítulo 1

Neste capítulo, abordaremos duas das principais correntes da **Didática da Matemática** que influenciaram o ensino, a formação de professores, algumas pesquisas em Educação e mais recentemente em **Educação Matemática**[1] no Brasil, que são a corrente **francesa** e a **norte-americana**.

Para isso, serão estudados os significados de termos que surgiram no nosso país, em meados dos anos de 1980, provenientes da França, trazidos por pesquisadores brasileiros que frequentaram programas de pós-graduação (mestrado e doutorado) franceses. Os principais termos que surgem da corrente francesa a serem analisados aqui são Transposição Didática e Contrato Didático, sem que deixemos de abordar outros, como os saberes científico, escolar e matemático.

Didática da Matemática: principais correntes no Brasil

Na década de 1980, outros pesquisadores brasileiros foram influenciados pelos estudos norte-americanos, que valorizavam o ensino da Matemática por meio da Resolução de Problemas matemáticos ligados à realidade do aluno e que também demonstravam grande aceitação da corrente piagetiana, que se costuma chamar *empirista* ou *experimental*. A linha fundamentada em Jean Piaget foi uma das que mais influência exerceram aqui no Brasil, principalmente com a elaboração dos Parâmetros Curriculares Nacionais (PCN), que tiveram enorme influência do Nacional Council of Teachers of Mathematics

(NCTM)* e que serviram de base a muitas das construções curriculares brasileiras para o ensino da Matemática.

Faz-se necessário para uma maior compreensão do termo *Transposição Didática*, teorizado pelo francês Yves Chevallard, que se entenda a seguinte definição, originalmente traduzida para a nossa língua: "um conteúdo do conhecimento, tendo sido designado como saber a ensinar, sofre então um conjunto de transformações adaptativas que vão torná-lo apto a tomar lugar entre os 'objetos de ensino'. O 'trabalho', que de um objeto de saber a ensinar faz um objeto de ensino, é chamado de Transposição Didática." (Chevallard, 1991, p. 39).

Assim, podemos perceber que existe um maior rigor e caráter científico na **Didática da Matemática Francesa** do que temos observado ao empregarem esses termos no ensino da Matemática em nosso país. Normalmente, ao falar-se de Transposição Didática para o ensino da Matemática aqui no Brasil, nem sempre se percebe esse caráter rígido, ou científico, e sim uma conotação metodológica desse ensino. Na concepção francesa, a Transposição Didática caracteriza-se não só pelo emprego de uma metodologia, mas também pelo conjunto de elementos que se relacionam, como os conteúdos, os valores e os objetivos que juntos conduzem o ensino da Matemática.

Aqui encontramos elementos de profunda discussão entre os matemáticos profissionais (pesquisadores em Matemática pura e aplicada) e os educadores matemáticos (que lidam com o processo de ensino-aprendizagem dessa área do conhecimento). Os primeiros defendem apenas uma visão de ciência matemática. Já os educadores matemáticos buscam maneiras de transpor os objetos da ciência matemática para o

---

* O Conselho Nacional de Professores de Matemática dos Estados Unidos da América é o órgão que define as normas e estabelece sugestões e diretrizes curriculares nesse país.

ensino da Matemática, justamente o que a Transposição Didática tenta realizar de forma bem sistematizada (com um caráter bem rígido e sequencial), diferentemente de muitas das propostas que encontramos no Brasil. Para utilizarmos a Transposição Didática da linha francesa, devemos primeiramente conhecer profundamente os objetos matemáticos[1] do saber científico, antes de "criarmos" objetos de ensino da Matemática, pertencentes ao saber ensinar (Chevallard, 1991).

Outro termo de que ouvimos falar na didática da Matemática é o **Contrato Didático,** que também provém da Didática da Matemática Francesa – especificamente das pesquisas de Brousseau (1986) – e cujo real significado não podemos sintetizar de forma simples. Nesse caso, o significado provém de duas vertentes anteriores, das ideias sobre o contrato social de Rousseau (1762) e, posteriormente, do contrato pedagógico de Filloux (1973). O Contrato Didático não só lida com as questões sociais, mas também se preocupa com as cognitivas, considerando os conhecimentos que estão em jogo no processo de ensino--aprendizagem da Matemática.

Não devemos confundir a ideia de *contrato* aqui sugerida com a de um contrato comercial ou jurídico, em que todas as cláusulas estão previamente descritas de maneira objetiva. No Contrato Didático ocorre o contrário, não existe um contrato formalmente documentado, apenas uma relação implícita entre os envolvidos. Isso se processa devido à grande complexidade do sistema escolar, que envolve pelo menos uma tríplice formada pelo professor, pelo aluno e pelo conhecimento (nesse caso, o saber matemático).

Em relação aos estudos mais recentes sobre o Contrato Didático, devemos destacar a existência da Ruptura do Contrato Didático, que não se manifesta de forma clara, pois muitos dos aspectos envolvidos no processo de ensino-aprendizagem são implícitos e até mesmo subjetivos aos sujeitos envolvidos nesse contrato.

Podemos apenas exemplificar algumas dessas rupturas, como no caso em que o professor propõe a resolução de um problema matemático ao aluno e este não apresenta interesse. Aqui percebemos uma certa ruptura com relação ao descumprimento do Contrato Didático esperado pelo professor por parte do aluno. Para que isso não interrompa o processo educacional, faz-se necessária uma ligeira investigação dos motivos ou das causas que geraram esse desinteresse, ou ruptura.

Outra quebra do Contrato Didático* acontece quando o professor apresenta um problema matemático que esteja fora do alcance intelectual ou cognitivo do aluno, que não detém esse conhecimento ainda. Nesse caso, podemos exemplificar com um problema matemático sem solução, em que existam valores numéricos no seu enunciado e nenhuma solução plausível. Pesquisas cognitivas (teoria piagetiana) têm demonstrado que a maioria dos alunos empregam os dados numéricos existentes nos enunciados na tentativa de uma resolução aritmética desses problemas de forma automática ou aleatória, sem se importar com o significado do problema.

Devemos destacar, ainda, sobre o Contrato Didático, que existem diferentes perspectivas de seu entendimento, o que se deve à existência das várias concepções da didática da Matemática. Se o professor considerar que o conteúdo matemático é o elemento mais importante no ensino da Matemática, nesse caso, terá uma relação de controle mais rígida sobre o seu aluno, exercendo um domínio por meio do seu saber científico.

Normalmente, nessa concepção, o professor descarta a utilização das várias metodologias de ensino da Matemática, argumentando que

---

* Esses são alguns exemplos da ocorrência de uma Ruptura do Contrato. Podemos observar outras formas nas obras de Brousseau (1986), Silva (1999), D'Amore (2005), entre outros.

a sequência lógico-dedutiva dos conteúdos apresentada de forma expositiva, ao se mostrarem alguns axiomas, ao se realizarem algumas demonstrações e ao se resolverem alguns modelos de problemas matemáticos, é suficiente. Defende, ainda, que o aluno, ao prestar atenção em sua exposição, anotar tudo, repetir diversas vezes os exercícios apresentados e estudar isso tudo, adquire o conhecimento matemático transmitido.

O que normalmente acontece é que o aluno acredita que o nível das atividades que o professor apresenta para que o próprio discente resolva é sempre mais elevado do que o demonstrado pelo docente em suas exposições. Isso normalmente gera um conflito entre professor e aluno, o que faz com que o primeiro exerça novamente a sua autoridade com o poder dos instrumentos de avaliação para retomar um certo controle sobre o segundo.

Nesse modelo de ensino tradicional, que se sustenta muitas vezes pela tradição milenar da ciência matemática, da "transmissão" de conhecimentos, temos verificado que ou o aluno avança na sua aprendizagem, ou acaba sendo excluído do sistema escolar com o fracasso do ensino da Matemática.

Numa concepção de ensino da Matemática mais construtivista, em que o professor acredita não ser o "transmissor" do conhecimento matemático e na qual deixa o aluno realizar as suas "construções" conceituais e de seus significados livremente, sem muitas intervenções, em geral acaba sendo criada uma certa confusão conceitual entre o saber cotidiano e o saber escolar pela falta de uma maior sistematização, que se faz necessária para que ocorra alguma aprendizagem significativa desse saber escolar.

Na concepção da Educação Matemática, o professor, apesar de não se considerar o detentor e o "transmissor" do conhecimento matemático, faz-se presente na ação pedagógica e intervém sempre que necessário no processo de ensino-aprendizagem do aluno. Com isso, retoma constantemente a relação entre professor e aluno, o que gera uma certa ruptura devido à ênfase na dimensão aluno-conhecimento, que aqui se estabelece. Há também uma forte preocupação por parte desse professor em valorizar o aspecto sociocultural e realizar um bom planejamento das situações didáticas, com muita atenção voltada à ação e à reflexão.

Ao analisar as situações didáticas, o professor pode propor atividades diversificadas, como a Resolução de Problemas, o trabalho com jogos matemáticos, a realização de pesquisas, entre outras atividades desafiadoras que promovam o trabalho com o desenvolvimento de conceitos matemáticos e que sejam adequadas à realidade e ao nível intelectual dos alunos. Devemos destacar que, nessa concepção de educação, a proposta mais aceita mundialmente é a de se trabalhar com a Resolução de Problemas matemáticos, que abordaremos com maior ênfase no próximo capítulo.

Para Brousseau (1986), em sua teoria sobre o Contrato Didático, devemos ter o maior cuidado com as frequentes rupturas que ocorrem, pois, ao tentarmos readequar as situações didáticas com o aluno, podemos cometer graves erros no processo de ensino-aprendizagem, como quando facilitamos, interpretamos, damos dicas ou simplificamos os procedimentos de resolução para os problemas matemáticos propostos. Com isso, acabamos rebaixando muitas vezes o grau de dificuldade, retirando do aluno a possibilidade de uma aprendizagem mais significativa do saber matemático, que, segundo esse contrato, deve ser uma responsabilidade de ambas as partes. Assim, com frequência, o professor acaba por modificar a sua prática pedagógica e passa a ensinar "truques" de resolução ou "macetes", em vez de trabalhar com o saber matemático, científico ou escolar, retirando a responsabilidade do aluno e ocasionando a Ruptura do Contrato Didático.

Portanto, na visão de Brousseau (1986), deve haver por parte do professor não somente um compromisso social, mas também uma constante vigilância em sua prática pedagógica, para que, quando ocorram tais rupturas, possa haver intervenção que restabeleça o seu perfeito andamento.

Lembramos que, nessa teoria, nem tudo está explícito, muitas das relações estabelecidas didaticamente são subjetivas e, por isso, implícitas ao Contrato Didático. Mesmo assim, devem ser respeitadas ou também ocasionarão rupturas. Essas relações são instituídas muitas vezes não só pela relação entre o professor, o aluno e o saber; podem surgir também em consequência do espaço físico destinado ao ensinar, dos objetos de apoio a esse ensino, entre outras variáveis educacionais.

Síntese

No Brasil, poucos pesquisadores adotam as teorias francesas como campo de pesquisa, e a maioria dos professores de Matemática acabam desconhecendo esses estudos, utilizando-se apenas dos elementos de sua formação (escolar, acadêmica) e da experiência adquirida com a prática pedagógica. Assim, observamos no campo educacional que a didática empregada pelos professores de Matemática é mais influenciada pela vertente norte-amerciana que se encontra presente nos PCN.

Portanto, na prática da formação inicial ou continuada, o professor muitas vezes não chega a ter contato com teorias educacionais sobre a didática da Matemática que provoquem nele uma profunda reflexão e que sejam provenientes de pesquisadores envolvidos com o saber matemático nas perspectivas científica e escolar.

No país, a maioria dos pesquisadores que se envolvem com as pesquisas em didática da Matemática são profissionais ligados à Educação Matemática, embora muitos outros sejam provenientes dos grupos de estudos em didática geral, educação e psicologia.

Os matemáticos profissionais, que lidam com a Matemática pura e aplicada, normalmente não estão muito preocupados com o binômio ensino-aprendizagem, e sim com o ensino da Matemática, o que se deve à concepção que possuem, conforme mencionamos quando tratamos das rupturas. Ao concluirmos este capítulo, acreditamos ter provocado uma reflexão inicial sobre diversas pesquisas realizadas ou em andamento. Sabemos que muitas lacunas poderão ter ficado abertas e que se faz necessária a leitura de muitas outras obras sobre o assunto.

Atividades de Autoavaliação

1. Considerando o texto sobre a didática da Matemática que apresentamos, assinale os itens a seguir com V (verdadeiro) ou F (falso):
   ( ) A didática da Matemática proveniente dos estudos norte-americanos é considerada a mais rígida e teórica dentre as existentes.
   ( ) As vertentes da didática da Matemática que mais influenciaram os estudos desse campo de pesquisa no Brasil foram a francesa e a norte-americana.
   ( ) A Didática da Matemática Francesa influenciou tanto os pesquisadores brasileiros, que suas principais ideias foram incorporadas nos PCN.
   ( ) Os principais movimentos realizados por pesquisadores brasileiros sobre a didática da Matemática ocorreram na década de 1980.

2. Na questão a seguir, assinale apenas uma das alternativas. Quando nos referimos ao termo *Transposição Didática* proveniente dos estudos franceses sobre a didática da Matemática, é correto afirmarmos:
   a) Na Transposição Didática do conhecimento matemático ao

saber escolar, o professor não necessita ter um grande domínio do saber científico sobre os objetos matemáticos.
b) A Transposição Didática é apenas uma metodologia de ensino.
c) Para criarmos objetos matemáticos de ensino, é necessário que conheçamos profundamente os objetos da ciência matemática.
d) As alternativas *a* e *b* estão corretas.

3. Assinale com V (verdadeiro) ou F (falso) os itens a seguir:
( ) O autor que teoriza sobre a Transposição Didática é o francês Chevallard (1991), ao estudar a didática da Matemática.
( ) Chevallard (1991) acredita que a Transposição Didática é a procura de maneiras para o professor levar o saber matemático científico ao aluno na forma de um saber escolar a ser ensinado.
( ) No Brasil são os matemáticos profissionais que mais utilizam e discutem a Transposição Didática devido à preocupação com o processo de ensino-aprendizagem e não somente com o caráter científico da Matemática.
( ) A Transposição Didática emprega o método experimental piagetiano de maneira rigorosa, controlada e científica, para validar as "criações" dos objetos matemáticos de ensino a partir dos objetos da ciência matemática, que devem ser dominados pelo professor.

4. Podemos assinalar como única alternativa correta em relação ao Contrato Didático da Didática da Matemática Francesa:
a) O Contrato Didático, segundo Brousseau (1986), deve ser estabelecido entre o professor e o aluno da mesma maneira como se estabelece um contrato formal, ou seja, contendo explicitadas todas as cláusulas e condições acordadas anteriormente, na forma de um documento escrito a ser cumprido.
b) Brousseau (1986) afirma que, quando o professor facilita a Reso-

lução de Problemas matemáticos propostos aos seus alunos, ao fornecer-lhes dicas, "macetes" e ao ajudá-los nas interpretações dos enunciados, não ocasiona rupturas do Contrato Didático.

c) Ao teorizar sobre o Contrato Didático, Brousseau (1986) incorporou algumas das ideias sobre o contrato social de Rousseau (1762), bem como sobre o contrato pedagógico de Filloux (1973).

d) O Contrato Didático da Didática da Matemática Francesa independe da perspectiva ou concepção da Matemática que o professor possui, pois isso não modifica a forma de ensinar esse saber.

5. Analise os itens a seguir, assinalando V (verdadeiro) ou F (falso):

( ) Os saberes científico e escolar não são pertinentes aos estudos sobre a Didática da Matemática Francesa. Prova disso é que os autores dessas teorias não mencionam esses termos.

( ) Nos estudos e nas teorias sobre a Didática da Matemática Francesa, jamais teremos quaisquer relações com as teorias de Piaget (1949) e de seu método experimental sobre o ensino da Matemática.

( ) Quando o professor propõe a resolução de um problema matemático ao seu aluno e este não se interessa, podemos dizer que ocorreu uma Ruptura do Contrato Didático, segundo as teorias de Brousseau (1986).

( ) Os matemáticos profissionais são os mais preocupados com os estudos das teorias em didática da Matemática.

( ) Sobre a relação entre a teoria do Contrato Didático e a concepção do professor de Matemática na Educação Matemática, podemos afirmar que existe uma grande preocupação com o planejamento das situações didáticas, com especial atenção voltada à ação e à reflexão que essas situações propiciam.

Atividades de Aprendizagem

1. Na sua opinião e com base na leitura do capítulo, formule uma síntese dos principais pontos abordados e explique a relevância dessas "correntes" na prática pedagógica (de sala de aula) em nosso país que você acredita ou não existir.

2. No capítulo foi empregado algumas vezes o termo *situação didática*. Pesquise um pouco mais sobre o que esse termo realmente significa na Didática da Matemática Francesa e registre as suas conclusões.

Atividades Aplicadas: Prática

1. Quando descrevemos a existência da Ruptura do Contrato Didático na Didática da Matemática Francesa, exemplificamos como isso acontece. De acordo com essa teoria e com as suas observações, ou experiência docente, descreva pelo menos uma situação, diferente das citadas, em que você acredita ocorrer essa ruptura. Caso não acredite nessa teoria, exponha seu ponto de vista, argumentando com base em outras pesquisas científicas.

2. No que se refere à didática da Matemática, vimos que a concepção da Matemática é um dos elementos que interferem na maneira como o professor dessa disciplina interpreta as relações existentes no processo de ensino-aprendizagem do seu aluno. Reflita sobre a leitura e registre suas opiniões sobre esse assunto.

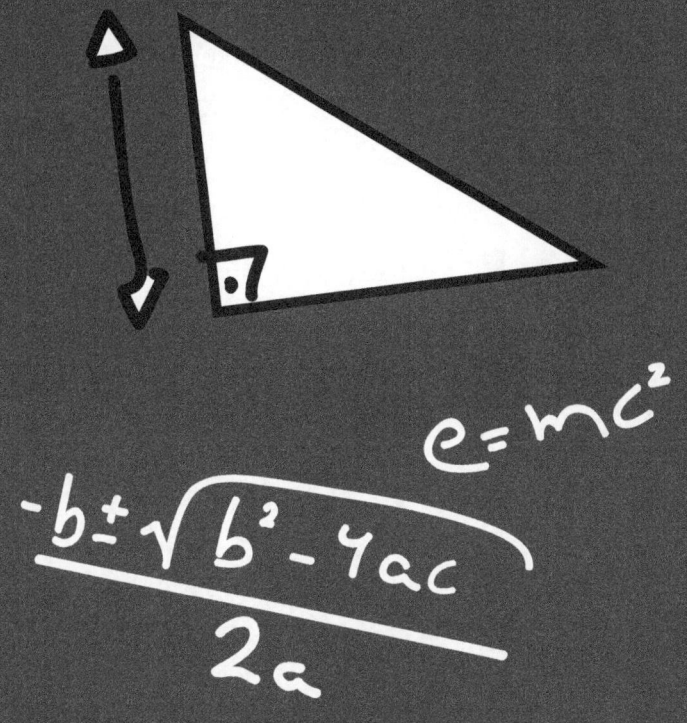

Capítulo 2

Neste segundo capítulo, iremos abordar uma das mais importantes tendências em Educação Matemática presentes em todas as partes do mundo, a Resolução de Problemas. Na maioria das concepções da Matemática, encontraremos traços do trabalho com a Resolução de Problemas no processo de ensino-aprendizagem do saber matemático, seja científico, seja escolar. Trataremos aqui dessa tendência com um caráter de metodologia de ensino da Matemática. Para isso, estudaremos algumas abordagens de pesquisadores norte-americanos, como Polya (1995), Butts (1997), entre outros.

Didática da Matemática: resolução de problemas

Antes mesmo de iniciarmos a análise das opções teóricas que selecionamos para exame nesta obra, faremos uma retomada histórica da importância do trabalho com a Resolução de Problemas no ensino da Matemática desde os primórdios da humanidade. Para isso, comentaremos elementos das pesquisas em História da Matemática, principalmente aqueles que resgatam os primeiros registros existentes sobre as origens do conhecimento matemático, desde as primeiras civilizações que povoaram a Terra até a atualidade.

Um dos primeiros registros encontrados é o denominado *Papiro de Rhind*, nome dado em homenagem ao antiquário escocês Henry Rhind, que o comprou numa cidade à beira do Nilo, no Egito. É também chamado pelo nome de *Papiro Ahmes*, em homenagem ao escriba que o copiou, por volta de 1650 a.C. Esse escriba relata que os conhecimentos registrados nesse papiro, inclusive matemáticos, provinham de um protótipo do Reino do Meio do período de 2000 a 1800 a.C.

O que mais chama a atenção no Papiro de Rhind ou Ahmes é a existência de registros dos primeiros problemas matemáticos de que temos conhecimento na história da humanidade. Chamamos a atenção para esse fato a fim de esclarecer que encontramos no decorrer da história muitos relatos de problemas matemáticos registrados pelas diversas culturas na forma de placas de pedra, metais gravados, papiros, entre outras fontes, mas somente por volta de 1900 em diante é que surgem os primeiros estudos científicos sobre a Resolução de Problemas matemáticos de que temos conhecimento.

Os estudos que se originaram nos Estados Unidos da América (EUA) difundiram-se principalmente na década de 1980 e inicialmente sofreram forte influência das teorias da psicologia aplicada à educação de Piaget (1971).

As pesquisas sobre a Resolução de Problemas de Matemática provenientes dos norte-americanos propõem, ainda, a ideia de que os problemas devem partir preferencialmente da realidade ou do contexto dos alunos, isso graças ao surgimento do movimento da Educação Matemática Realística, criada pelo alemão Hans Freudenthal ao final da década de 1960.

Um dos primeiros pesquisadores de que nos utilizaremos como base teórica nesta obra é o húngaro que residiu nos EUA George Polya, que em 1945 publicou a primeira edição de seus estudos sobre esse assunto, cuja tradução para a língua portuguesa no Brasil em 1977 denominou-se *A arte de resolver problemas: um novo aspecto do método matemático*.

Polya, que viveu de 1887 a 1985, é considerado o pai da Resolução de Problemas matemáticos e um dos incentivadores dessa metodologia de ensino da Matemática, com o objetivo principal de ensinar os alunos a pensar. Em sua famosa obra já citada, Polya (1995) procura descrever quatro fases que, segundo ele, auxiliam o aluno a resolver um problema. São elas: a compreensão do problema, o estabelecimento de um plano, a execução do plano e o retrospecto.

Para esse pesquisador, todas essas quatro fases são muito importantes e não podem ser suprimidas, com o risco de se causar algum prejuízo no processo de aquisição de conhecimentos por parte do aluno. Assim, iremos descrever e exemplificar cada uma dessas fases de forma sequencial, a fim de que o professor possa compreender essa teoria e sua aplicação na prática pedagógica.

Para que ocorra a **compreensão do problema** (Polya, 1995) por parte do aluno, é preciso que o professor tenha escolhido muito bem o problema, sem que este seja muito fácil ou difícil demais. Além disso, o problema deve ser instigante, provocando no aluno um grande interesse em buscar a sua resolução. Para tanto, devemos tomar alguns cuidados em relação à linguagem do enunciado e para que haja uma proximidade do problema com a realidade ou contexto do aluno. Este deve ser capaz de identificar os principais elementos do problema, tais como: os dados do problema, a incógnita, a condicionante do problema proposto, entre outros.

Com a finalidade de exemplificarmos essa fase, observe este simples enunciado: "Calcule a diagonal de um retângulo com comprimento de 32cm e largura medindo 24cm." Ao analisarmos o enunciado desse problema, verificamos que o aluno, para compreendê-lo, necessitará ter conhecimentos básicos de Geometria Plana e do Teorema de Pitágoras, pois a diagonal medirá, nesse caso, exatamente 40cm e é também a hipotenusa de um triângulo retângulo, sendo que conhecemos as medidas dos seus catetos.

A partir de um simples problema como esse, o professor poderá inclusive contextualizá-lo. Para isso, basta que tome a sala de aula, normalmente com a base no formato retangular, ou, então, sugira que os alunos trabalhem com as medidas dos terrenos retangulares das residências de cada um. Além disso, o professor pode explorar os principais elementos citados, sendo que a melhor maneira é envolver os alunos num diálogo sobre o enunciado do problema e sobre as percepções realizadas por eles até o momento.

Assim, o professor deve conduzir algumas perguntas sobre esses elementos, para verificar se os alunos compreendem o problema, tais como:

~ Qual a incógnita do problema? Nesse problema, a incógnita é a medida de comprimento da diagonal do retângulo, que podemos considerar como a hipotenusa de um triângulo retângulo, ao dividirmos essa figura pela sua diagonal.

~ Que dados são fornecidos pelo problema? As medidas de comprimento dos lados do retângulo, que, nesse caso, também são as medidas dos dois catetos que utilizaremos para resolver o problema e encontrar a medida da diagonal.

~ Existe uma condicionante que relacione os dados do problema? Sim, a condicionante é a própria diagonal que desejamos encontrar e que nesse problema podemos representar pela letra d (de *diagonal*) ou h (de *hipotenusa*). A letra utilizada para representar a incógnita não importa, o que importa realmente é que o aluno compreenda esses elementos e saiba lidar com eles.

Observe que não existe necessariamente uma regra fixa que o professor deve seguir com seus alunos no processo de interpretação, análise e Resolução de Problemas. Ele deve valer-se de sua experiência e do bom senso, bem como da dinâmica de sua sala de aula na hora de resolverem os problemas que surjam ou que tenham sido selecionados. A fase seguinte é a do **estabelecimento de um plano** (Polya, 1995), o que ocorre normalmente quando temos conhecimento, pelo menos de um modo geral, do tipo de problema a ser resolvido, das operações matemáticas a serem realizadas para essa resolução ou, até mesmo, quando se faz necessária a utilização de outras estratégias, como o emprego de desenhos, esboços, maquetes ou materiais manipulativos que auxiliem na visualização de uma solução do problema ou de um caminho para sua obtenção.

Devemos ressaltar que, dependendo da complexidade do problema proposto, a fase do estabelecimento de um plano pode ser demorada e extremamente difícil, principalmente para o aluno que possui menos preparo e um menor conhecimento matemático. Nesses casos, o professor pode contribuir com o aprendizado do seu aluno, ao fornecer-lhe discretamente algumas informações que possam ajudar na fundamentação de ideias para a resolução do problema.

Quando não conseguimos encontrar um bom caminho ou o estabelecimento de um plano, devemos considerar a possibilidade de já termos resolvido outro problema parecido que possa auxiliar-nos, seja por analogia[m], seja pela generalização do problema em questão.

Nesse momento, o professor deve solicitar que os alunos tentem se lembrar desses problemas similares, para que estabeleçam um plano de resolução do problema proposto.

Devemos ressaltar mais uma vez que essa fase pode ser bastante complexa, em especial pela falta de iniciativa que os alunos tendem a manifestar, permanecendo inicialmente em silêncio face às nossas perguntas e indagações e passando posteriormente a algumas tentativas desconexas de participação com sugestões de resoluções nada significativas ou correlatas ao problema em discussão. Nesse momento, o professor deve muitas vezes reiniciar as indagações e o fornecimento de algumas pistas aos alunos, sem perder a percepção de que esse jogo faz parte do processo de ensino-aprendizagem da Resolução de Problemas.

Superado tudo isso, a próxima fase é a da **execução do plano** (Polya, 1995), e mais uma vez o professor deve permanecer muito atento, principalmente no sentido de verificar se os alunos realmente estabeleceram um plano por conta própria. Ao tentarem executar o plano estabelecido, o professor logo percebe se as dificuldades que os alunos encontraram decorrem da falta de conhecimento matemático ou da estratégia de resolução adotada.

Outro aspecto a ser observado necessariamente é o nível de internalização que os alunos demonstram ter em relação à execução do plano, o que pode ocorrer de modo mais intuitivo ou utilizando-se de um raciocínio formal.

De uma forma ou de outra, o professor que constatar a falta de conhecimento matemático dos seus alunos deve interagir para fomentar tal conhecimento e aproveitar o interesse deles na resolução do problema. Caso tenha sido adotada uma estratégia indevida, o docente deve retomar com seus alunos a discussão sobre o estabelecimento do plano para a sua execução.

Nessa fase, o principal objetivo a ser atingido com os alunos é que eles demonstrem uma certa autonomia ao executarem o plano, empregando a estratégia e os procedimentos adequados para resolver o problema.

A última fase é a **retrospectiva** (Polya, 1995), que também pode ser interpretada como uma revisão do problema mediante a sua resolução, com a intenção de validar todos os passos empregados na resolução e para certificar-se de que nenhum tenha sido esquecido ou realizado indevidamente. Com isso, abre-se a possibilidade de discutirmos com os alunos todas as fases anteriormente apresentadas, o que pode ampliar o entendimento do processo e da obtenção do resultado e até mesmo desencadear a descoberta de novas soluções ao problema proposto.

Para isso, o professor deve ter em mente que todo problema resolvido não esgota a possibilidade de se apresentarem outras possíveis soluções ou caminhos para a sua obtenção. Somente assim é que pode ser explorada a máxima potencialidade de trabalharmos com a Resolução de Problemas matemáticos no processo de ensino-aprendizagem dos alunos.

Faz-se necessário lembrarmos que os alunos somente ficam motivados a encontrarem outros caminhos ou soluções aos problemas, se realmente compreendem e, principalmente, se realizam as resoluções de maneira autônoma, ou seja, sem muita interferência do professor. Nesse sentido, o docente pode questionar as resoluções apresentadas pelos alunos não de maneira a gerar dúvidas e insegurança, mas de forma a levá-los à reflexão sobre todo o processo.

Assim, resgatando o exemplo anterior, no qual desejávamos encontrar a medida da diagonal do retângulo, tendo, para isso, apenas as medidas dos lados dessa figura geométrica, o professor poderá indagar se a única forma de obtermos essa medida é por meio do Teorema de Pitágoras. Existem outras maneiras de calcular essa medida? As diagonais das figuras geométricas planas são sempre hipotenusas de triângulos retângulos?

Com perguntas como essas podemos levar os alunos a muitas reflexões sobre conceitos matemáticos, procedimentos de cálculos ou algoritmos[m], bem como levá-los ao desenvolvimento do hábito da leitura sistemática, na qual devem compreender o que estão lendo e não somente buscar dados imediatos para resolverem algum problema. Essa deve ser a verdadeira dimensão da Resolução de Problemas, que o professor necessita compreender para levar os seus alunos a fazê-lo também. Isso é o que diferencia o processo de ensino-aprendizagem da Matemática por meio dessa estratégia ou metodologia do simples e tradicional ensino da Matemática pela repetição de exercícios rotineiros.

Um termo que surge e relaciona-se à descrição de todas as fases que Polya (1995, p. 86) propõe é a *heurística*[1]; portanto, temos o dever de apresentar alguns esclarecimentos a respeito de tal termo. Inicialmente, a heurística dava nome a um ramo de estudos de algumas áreas acadêmicas, como a lógica, a filosofia e a psicologia, e tinha como objetivo "o estudo dos métodos e das regras da descoberta e da invenção".

Podemos encontrar algumas definições sobre a heurística em dicionários, como, por exemplo, no *Houaiss* (Houaiss; Villar, 2001, p. 1524), que nos apresenta os seguintes contextos: científico – "a ciência que tem por objetivo a descoberta dos fatos"; da problematização – "a arte de inventar, de fazer descobertas" e pedagógico – "método educacional que consiste em fazer descobrir pelo aluno que se lhe quer ensinar". Verificamos que, em todas as definições apresentadas, as ideias sobre a heurística assemelham-se muito, tendo relação com a descoberta, a invenção e o estudo do método.

Já a heurística moderna[1] tem a intenção de compreender o processo que utilizamos para solucionarmos um problema, com uma atenção especial às operações mentais presentes nesse processo e que são realmente necessárias (Polya, 1995).

Dando sequência aos estudos sobre a Resolução de Problemas matemáticos, veremos algumas categorias ou tipos de problemas, de acordo com as classificações que Butts (1997) apresentou em seu artigo traduzido do NCTM em 1980: *Formulando problemas adequadamente*.

Inúmeros profissionais que dedicam suas pesquisas à Resolução de Problemas sugerem classificações ou categorias dos problemas. Optamos pelos cinco tipos de problemas que Butts (1997) descreve em seu artigo, principalmente pelo fato de essas categorias serem extremamente didáticas. Com isso, tornamos mais fácil o trabalho do professor, ao lidar com o processo de ensino-aprendizagem por meio da Resolução de Problemas matemáticos.

Os tipos de problemas sugeridos por Butts (1997) são: exercícios de reconhecimento, exercícios algorítmicos, problemas de aplicação, problemas de pesquisa aberta e situações-problema. Para que haja um maior entendimento dessas categorias, iremos detalhar cada uma delas na sequência, exemplificando-as sempre que possível.

Chamamos a atenção para os nomes dos tipos (ou categorias) de problemas apresentados, em que os dois primeiros são denominados apenas de *exercícios*, apesar de, para esse autor, não deixarem de fazer parte da Resolução de Problemas.

O primeiro tipo de problema proposto por Butts (1997) são os **exercícios de reconhecimento**, que podemos interpretar como sendo aqueles nos quais o aluno apenas necessite recordar um fato, uma definição ou um teorema, utilizando-se tão-somente da sua memória sobre isso. Esse tipo de problema faz parte do ensino mais tradicional da Matemática e normalmente encontramos presente nas propostas curriculares e na maioria dos livros didáticos existentes. Nem por isso podemos dizer que esse tipo de problema não seja necessário ao processo de ensino-aprendizagem da Matemática por meio da Resolução de Problemas. Muito pelo contrário, os alunos iniciam esses processos normalmente, pela memorização de termos, nomenclaturas, conceitos, imagens, entre outros aspectos.

Dificilmente uma pessoa aprende a realizar uma leitura, seja de uma escrita em sua língua materna, seja de um símbolo matemático, sem que tenha sido alfabetizada nessa área do conhecimento; portanto, essa pessoa reconhece essa linguagem. Observe alguns exemplos desses exercícios:

1. Qual é o nome dado a todo triângulo que possui um ângulo interno reto?
Resposta: Triângulo retângulo.

2. Observe as expressões matemáticas a seguir:
a) $x^3 - 2x + 1$
b) $3y^5 + 6x$
c) $13x - 739$
d) $-2x^2 + 8x + 10$

Qual delas é chamada de *polinômio do 2º grau*?
Resposta: A expressão $-2x^2 + 8x + 10$ é um polinômio do 2º grau.

Ao observarmos esses exemplos de exercícios, percebemos que, em ambos os casos, somente necessitamos reconhecer o formato, a definição ou o modelo para indicarmos suas respostas, encerrando suas resoluções. Não necessitamos, pois, de todos os passos da heurística, mas apenas da nossa memória e de alguns conhecimentos adquiridos anteriormente.

No primeiro exercício, para respondermos que o nome particular de todo triângulo que possui um de seus ângulos internos reto é *triângulo retângulo*, necessitamos apenas conhecer essa definição ou, no máximo, algumas representações dos desenhos da Geometria Plana.

Já para resolvermos o segundo exercício, basta-nos algum conhecimento sobre conteúdos como expressões algébricas, monômios e polinômios, que integram o campo da Álgebra. Com isso, podemos identificar que, para ser um polinômio do 2º grau, a expressão necessita ter mais de um termo adicionado ou subtraído, entre parte literal e numérica, sendo que pelo menos uma dessas partes literais deve ter seu coeficiente elevado ao 2º grau, ou à potência dois (2). Logo, temos somente uma resposta possível para esse exercício, conforme já indicamos.

O segundo tipo de problema proposto por Butts (1997) são os **exercícios algorítmicos**, que ainda não recebem por parte dele o *status* de problema. Definimos esse exercício como todo aquele que resolvemos passo a passo, por meio de operações matemáticas, ou por meio de procedimentos sequenciais, seja por transformações algébricas, seja por cálculos numéricos. Veja alguns exemplos desse exercício a seguir:

1. Desenvolva os seguintes produtos notáveis:

   a) $(3x + 2)^2 =$
   Solução:
   $9x^2 + 12x + 4$

   b) $(2y - 6) \cdot (2y + 6) =$
   Solução:
   $4y^2 - 36$

   c) $(-2p - 13)^2 =$
   Solução:
   $4p^2 + 52p + 169$

   d) $(x^5 + 2y^2)^2 =$
   Solução:
   $x^{10} + 4x^5y^2 + 4y^4$

2. Resolva as seguintes expressões numéricas:

   a) $\{(5)^3 - 3 \cdot 5\} : 10 =$
   Solução:
   $\{125 - 15\} : 10 = 110 : 10 = 11$

   b) $\{(11)^2 - 1^{60}\} \cdot 1,5 =$
   Solução:
   $\{121 - 1\} \cdot 1,5 = 120 \cdot 1,5 = 180$

Ao observarmos essas soluções, podemos verificar que, para resolvermos esses exercícios, basta que tenhamos conhecimentos sobre algumas operações matemáticas e sobre os passos ou procedimentais de seus algoritmos. Destacamos também que existem diferenças nas interpretações que os alunos fazem dos exercícios algorítmicos, dependendo da forma como são apresentados. Nos exemplos dados, são propostos na forma de expressões numéricas (linearmente), como na maioria dos livros didáticos (com a intenção de economizar espaço na página), apresentação que costuma levar os alunos mais ao cálculo mental. Já quando são apresentados na forma de "arme e efetue", com as operações montadas, os alunos normalmente procuram resolvê-los de maneira algorítmica, ou seja, respeitando os procedimentos passo a passo de seus cálculos, o valor posicional, entre outras regras.

O terceiro tipo de problema que veremos a seguir são os **problemas de aplicação**, que na sua maioria são resolvidos por algoritmos e estão presentes no ensino tradicional da Matemática. Esses problemas requerem, por parte dos alunos, uma transformação da linguagem matemática escrita também com palavras para um algoritmo, a fim de que possam ser resolvidos. Veja alguns exemplos:

1. A caixa d'água de um edifício possui volume total de 14m³. Ao sofrer um racionamento por parte da empresa fornecedora, diminuiu em 20% esse volume. Qual o volume dessa caixa d'água durante o racionamento?
   Solução:
   $$14 - 14 \cdot 20\% = 14 - 14 \cdot \frac{20}{100} = 14 - \frac{280}{100} = 14 - 2{,}8 = 11{,}2 m^3$$

2. Sendo 256m o perímetro de um cercado quadrado, ao aumentarmos em 4m cada lado desse cercado, qual será o seu novo perímetro?
   Solução:
   256 : 4 = 64m de lado do cercado original, 64 + 4 = 68m para o novo lado do cercado. Com isso, o novo perímetro mede exatamente 68 · 4 = 272m.

3. Uma loja de eletroeletrônicos comercializa um aparelho de TV de 14 polegadas por R$ 360,00 em 6 vezes fixas. Qual o valor de cada prestação?
Solução:
360 : 6 = 60 reais, ou seja, cada prestação tem o valor de R$ 60,00.

4. Numa cidade, o serviço de coleta de lixo ocorre de três em três dias e as feiras livres são realizadas de cinco em cinco dias. Se no primeiro dia do mês de julho esses serviços ocorrerem juntos, quantos dias deverão passar até que esses serviços ocorram novamente juntos?
Solução:
Encontramos a resposta ao calcularmos o mínimo múltiplo comum (mmc) entre os intervalos de dias, ou seja, mmc (3;5)= 15 dias.

Com esses exemplos, verificamos alguns problemas de aplicação, que, para serem resolvidos, devem ter suas linguagens matemáticas[1] escritas transformadas em algorítmicos pelos alunos. Para isso, os alunos devem ler, interpretar e compreender a resolução dos problemas e depois utilizar as fases que compõem a heurística dessas resoluções.

No primeiro exemplo, calculamos os 20% sobre o volume total da caixa d'água e depois subtraímos esse valor do volume de 14m³. Nesse caso, os alunos devem ter noções de porcentagem, aumento ou acréscimo, bem como redução ou decréscimo. Outra maneira de resolvermos esse problema é multiplicando o volume de 14m³ pelo coeficiente final de 0,8, ou seja, pelo coeficiente do total de 100% reduzido em 20%.

No segundo exemplo, os alunos devem lidar com alguns conceitos e procedimentos como perímetro, quadrado, aumento e lado da figura geométrica indicada; em seguida, devem procurar uma estratégia de resolução. Nesse caso, podem primeiramente dividir o valor do perímetro em quatro partes por ser um quadrado e depois adicionar o valor indicado a um dos lados do quadrado (todos com mesma medida). Logo em seguida, podem encontrar o novo perímetro, ao multiplicar por quatro a nova medida do lado do quadrado ampliado. Podem encontrar outra solução, ao multiplicarem o valor do aumento dos lados do quadrado pelo valor antigo do perímetro; com isso, encontram o novo perímetro e uma nova resolução para o problema.

No terceiro exemplo, muitos alunos podem se confundir na resolução do problema, principalmente no início, devido à existência de alguns termos empregados, como *14 polegadas* e *6 vezes*, gerando erros de interpretação ou de conceitos, que leva ao emprego de algoritmos indevidos. Devemos orientá-los para que não cometam esses erros de interpretação e para que desenvolvam estratégias coerentes de resolução dos problemas. Nesse exemplo, os alunos devem entender que os dados necessários para a resolução do problema são o valor do aparelho de TV (R$ 360,00) e o número de parcelas (6 vezes) e que devemos dividir o valor pelo número de parcelas.

No último exemplo que apresentamos, os alunos podem resolver o problema utilizando-se do conteúdo denominado *mínimo múltiplo comum* (mmc) ou pela simples contagem numérica (resolução aritmética) entre os dois fatores numéricos: três e cinco.

Por meio dos exemplos analisados, observamos que podemos resolvê-los de diversas maneiras, a depender do nível de conhecimento matemático que temos e das estratégias que adotamos em cada caso. Ao explorarmos com nossos alunos variadas formas de interpretação, análise e possibilidades de resoluções, contribuímos para o desenvolvimento das habilidades de resolução de problemas matemáticos.

Observamos, ainda, que os problemas podem apresentar dados excedentes, que não são necessários para sua resolução, chamados de **distratores**[1], ou seja, elementos, normalmente numéricos, ou termos que distraem os alunos do objetivo da resolução dos problemas matemáticos.

Podemos afirmar que esses três primeiros tipos de problemas estão mais relacionados ao ensino tradicional da Matemática e também se fazem presentes nos livros didáticos. Mesmo assim, não são descartados pela Educação Matemática no que diz respeito ao processo de ensino--aprendizagem da Resolução de Problemas. Prova disso é a grande aceitação dessas categorias, apresentadas por Butts (1997).

Esse autor aprofunda os estudos sobre Resolução de Problemas, ao abordar os dois tipos restantes, que são os problemas de pesquisa aberta e as situações-problema.

O quarto tipo de problema que veremos então são os **problemas de pesquisa aberta**, que se caracterizam por não terem em seus enunciados palavras-chave[m], ou seja, palavras, termos ou expressões que indiquem suas possíveis resoluções, como estratégias e procedimentos algorítmicos a serem realizados.

Podemos dizer ainda que muitos desses problemas podem ter mais de um resultado como solução, diferentemente dos problemas de aplicação, que algumas vezes admitem várias estratégias na obtenção de um só resultado final. Alguns problemas de pesquisa aberta admitem vários resultados, e vários caminhos ou estratégias podem ser adotados para suas resoluções; já os de aplicação apenas admitem várias estratégias em alguns casos, mas não soluções distintas. Verifiquemos alguns exemplos de problemas de pesquisa aberta:

1. Com a quantidade de 100 cédulas de cada um dos seguintes valores: R$ 1,00; R$ 2,00; R$ 5,00 e R$ 10,00, é possível pagarmos a quantia de R$ 60,00 de uma despesa combinando ou não essas cédulas de valores diferentes? Caso seja, encontre cinco soluções distintas, descrevendo-as em detalhes.

Soluções:
a)   60 cédulas de R$ 1,00.
b)   30 cédulas de R$ 2,00.

c) 12 cédulas de R$ 5,00.
d) 6 cédulas de R$ 10,00.
e) 10 cédulas de R$ 2,00 mais 6 cédulas de R$ 5,00.

Observemos que todos esses exemplos são soluções que satisfazem o problema, o que caracteriza os problemas de pesquisa aberta, que muitas vezes podem ter várias soluções.

2. Encontre um valor inteiro que satisfaça a seguinte inequação:
$-x^2 + 7x - 10 \geq 0$

Solução:
Resolvemos essa inequação como uma equação do 2° grau igualando-a a zero, para obtermos as suas raízes reais e depois tomamos no intervalo dos valores positivos os valores inteiros que satisfazem a inequação. Então, $-x^2 + 7x - 10 = 0$, o que, pela fórmula de Bhaskara*, resultará em:

$$x = \frac{-b \pm \sqrt{b^2 - 4 \cdot a \cdot c}}{2 \cdot a} \rightarrow$$

$$x = \frac{-7 \pm \sqrt{7^2 - 4 \cdot (-1) \cdot (-10)}}{2 \cdot (-1)} = \frac{-7 \pm \sqrt{49 - 40}}{-2} = \frac{-7 \pm \sqrt{9}}{-2} = \frac{-7 \pm 3}{-2}$$

$$\rightarrow x_1 = \frac{-7 + 3}{-2} = \frac{-4}{-2} = 2 \text{ ou } x_2 = \frac{-7 - 3}{-2} = \frac{-10}{-2} = 5$$

---

* O hábito de se atribuir o nome *Bhaskara* a essa fórmula, fazendo referência ao matemático indiano de mesmo nome que viveu no século XII, é uma tendência que surge no Brasil na década de 1960. Com efeito, até o final do século XVI, não se utilizavam fórmulas para a resolução das equações do 2° grau (BOYER, 1996); portanto, é incoerente atribuir-se o nome desse matemático a tal fórmula.

Então, a inequação é satisfeita pelos números reais do intervalo $\{x \in R / 2 \leq x \leq 5\}$. Logo, os valores inteiros que a resolvem são 2, 3, 4 e 5, por estarem dentro desse intervalo. Portanto, para solucionarmos esse problema, utilizamos apenas um dos valores obtidos, ou seja, temos várias soluções possíveis.

3. Verifique se é possível construir pelo menos dois triângulos diferentes, sendo as medidas dos dois maiores lados 6cm e 8cm, respectivamente. Justifique suas soluções.

Soluções:

Para esse problema, podemos encontrar várias soluções distintas, basta que modifiquemos o ângulo interno formado pelo vértice entre os dois lados, com medidas de 6cm e 8cm. Não iremos representá-las com seus desenhos, pois são infinitas as soluções nos reais, com medidas de comprimento que podem variar para o terceiro lado do triângulo e satisfazer o problema em questão.

Com esses três exemplos de problemas de pesquisa aberta, observamos que em seus enunciados não existem palavras-chave que possam vir a indicar um procedimento algorítmico para as suas resoluções, ou que, pelo menos, existem várias soluções para os problemas. Os alunos devem utilizar-se das fases da heurística, que Polya (1995) nos apresentou em suas pesquisas sobre o tema.

A maioria dos problemas formulados com palavras como *demonstre*, *prove que*, *encontre todos*, *para quais*, entre outras, podem vir a ser classificados como problemas de pesquisa aberta. Esses problemas exigem estratégias mais elaboradas por parte dos alunos, principalmente por não darem pistas sobre os algoritmos adequados as suas resoluções ou sobre os raciocínios necessários, caso não sejam problemas que empreguem algoritmos.

O quinto e último tipo de problema que veremos dentro das classificações de Butts[19] são as **situações-problema**, cuja definição o próprio nome nos sugere. Ou seja, temos situações a serem investigadas ou solucionadas e para isso surgem alguns problemas, muitas vezes matemáticos, para serem resolvidos. Nesse tipo de problema, o foco central é a situação que muitas vezes pode ser identificada no cotidiano e nem sempre é um problema matemático a ser resolvido simplesmente.

Na maioria dos casos, as situações-problema surgem relacionadas com outras áreas do conhecimento, e partes de suas resoluções são obtidas por meio da Resolução de Problemas matemáticos, que auxiliam nesse processo, mas que nem sempre são as principais atividades. As situações-problema aproximam os alunos da realidade e, com isso, possibilitam que haja um maior entendimento do conhecimento matemático e de seus procedimentos algorítmicos.

Acreditamos que, no processo de ensino-aprendizagem da Matemática, as situações-problema (Butts, 1997), dentro da Resolução de Problemas, aproximam-se muito de uma das tendências em Educação Matemática, que é a Modelagem Matemática.*

No momento veremos alguns exemplos sobre situações-problema:

1. Uma turma com 60 alunos, ao final do ensino médio, decidiu realizar uma viagem de excursão para um parque temático. Eram 22 rapazes e 38 moças, que devem estar acompanhados de pelo menos um professor e de uma professora, para o passeio que levaria dois dias completos. Para resolvermos essa situação-problema, o que teremos de fazer?

---

* Essa tendência, assim como a História da Matemática, as Investigações Matemáticas, a Etnomatemática, os Jogos Matemáticos, entre outras, que fazem parte da didática da Matemática, serão abordadas em outras obras.

Possível solução:

Ao observarmos essa situação-problema, devemos inicialmente levantar todos os dados disponíveis, para depois identificarmos todos os problemas que possam surgir. Entre os problemas verificados, iremos dar ênfase àqueles que sejam matematizáveis, ou seja, que possamos resolver com auxílio dos conteúdos matemáticos e de seus algoritmos. Nesse exemplo, os dados que são fornecidos são o número total de alunos (60), bem como o número de rapazes (22), de moças (38) e de professores (1 professor e 1 professora) que devem ir ao passeio. Com isso, teremos um total mínimo de 62 pessoas. Para esse passeio ser realizado, é necessário levantar alguns outros problemas, como o valor do passeio por pessoa pelos dois dias, a distância do local escolhido para o passeio, a forma de transporte para todos, a hospedagem, entre uma série de outros fatores que podem surgir.

Assim, podemos ter uma série de problemas matemáticos a serem resolvidos nessa situação, dependendo da extensão e do grau de complexidade que desejarmos obter. Suponhamos que esse passeio tenha um custo total por pessoa de R$ 120,00 e que os alunos terão que dividir as despesas de dois professores que deverão acompanhá-los como seus responsáveis. Então, o valor total desse passeio será obtido pela seguinte operação matemática: $62 \cdot 120 = 7.440$. Logo, cada aluno deverá pagar o seguinte valor: $7.440 : 60 = 124$. Portanto, ao considerarmos apenas esses dados e esses fatores nessa situação-problema, teremos obtido a sua resolução.

2. Esboce a planta baixa de uma casa, com cômodos nos formatos retangulares ou quadrados e que tenham no máximo 100m² de área total. Utilize no desenho 1cm para representar cada 1m de comprimento real.

Possível solução:

Os alunos podem ter várias estratégias ao resolverem essa situação-problema, mas nem tudo está relacionado aos problemas matemáticos. É apenas a relação entre a área total de 100m², que deve ser subdividida em áreas menores, retangulares ou quadradas, e sua representação, que estará atrelada a uma certa escala matemática, ou seja, 1cm para representarmos 1m no desenho ou esboço da planta baixa.

Nessa outra situação-problema, podemos novamente explorar e aprofundar o grau de dificuldade de sua resolução, de acordo com o nível de ensino que nossos alunos estejam cursando. Nesses casos, é o professor quem deve dosar o grau de dificuldade das situações-problema, sempre atento aos objetivos a serem atingidos, que devem respeitar a proposta curricular e pedagógica.

Ao trabalharmos no processo de ensino-aprendizagem da Matemática por meio da Resolução de Problemas, é importante que exploremos todos os tipos de problemas sugeridos pelas categorias de Butts (1997). Para isso, devemos usar a nossa criatividade e a de nossos alunos na criação de problemas interessantes, pois nem sempre encontraremos todos os modelos de problemas presentes nos livros didáticos. Além disso, os problemas encontrados nessas obras, na grande maioria, não são muito criativos, quase não despertam o interesse dos alunos e dificilmente exploram todos os cinco tipos de problemas que vimos.

Dessa forma, para atingirmos um maior entendimento da Resolução de Problemas por parte dos alunos, o ideal é a reformulação dos problemas (Butts, 1997) para que se tornem mais contextualizados. Assim, além de trabalharmos os problemas dos livros didáticos, que se encontram normalmente dentro da classificação dos três primeiros tipos de problemas (Butts, 1997), podemos modificar alguns de seus enunciados, para que se tornem mais desafiadores e busquem contemplar toda a proposta de Butts (Butts, 1997), ou seja, os cinco tipos de problemas, ampliando e aprofundando o ensino da Matemática por meio da Resolução de Problemas.

Síntese

Após todas essas discussões sobre as fases e a heurística de Polya (1995) e as categorias ou tipos de problema, bem como sobre a reformulação destes segundo Butts (1997), podemos concluir que existe um grande potencial de melhorarmos o processo de ensino-aprendizagem da Matemática por meio da Resolução de Problemas nessa perspectiva. Uma das estratégias para aperfeiçoarmos essa prática é a reformulação desses problemas, mas, ao reestruturá-los, devemos estar atentos à linguagem que iremos empregar, pois muitas vezes modificamos o sentido e até mesmo o significado do problema a ser resolvido. Primeiramente, devemos identificar no problema original os principais elementos, para depois vir a reformulá-los de maneira que as palavras-chave sejam removidas do novo problema. Com isso, teremos um aprendizado mais significativo da Resolução de Problemas, permitindo que os alunos aumentem seus conhecimentos matemáticos.

Atividades de Autoavaliação

1. Sobre a Resolução de Problemas, assinale os itens a seguir com V (verdadeiro) ou F (falso):

( ) A Resolução de Problemas como pesquisa científica surge, principalmente, com os estudos norte-americanos e é fortemente influenciada pela teoria piagetiana.

( ) Os problemas matemáticos são encontrados somente a partir de 1900 nos EUA, portanto não existem relatos históricos anteriores que comprovem sua existência no ensino da Matemática.

( ) Historicamente, a resolução de problemas matemáticos pode ser constatada em documentos e artefatos arqueológicos, como o Papiro de Rhind, encontrado no Egito e datado de aproximadamente 1650 a.C.

( ) A Educação Matemática Realística surge como um movimento de ensino no século XIX.

2. Assinale a única alternativa **incorreta** sobre Resolução de Problemas.
   a) Polya (1995) é considerado o pai dos estudos sobre a Resolução de Problemas, principalmente por sua obra intitulada A arte de resolver problemas: um novo aspecto do método matemático.
   b) Para Polya (1995) a Resolução de Problemas podia ser realizada independentemente das quatro fases propostas em seus estudos.
   c) As quatro fases que Polya (1995) nos sugere são: a compreensão do problema, o estabelecimento de um plano, a execução do plano e o retrospecto.
   d) Os dados do problema, a incógnita e a condicionante são elementos da primeira fase – a compreensão do problema – descrita por Polya (1995).

3. Assinale V (verdadeiro) ou F (falso) para cada uma das afirmações sobre as fases da heurística, propostas por Polya (1995) em seu livro A arte de resolver problemas: um novo aspecto do método matemático:
   ( ) Na retrospectiva de um problema, não existe uma preocupação em validarmos todos os passos executados na sua resolução.
   ( ) No estabelecimento de um plano, o professor pode fornecer algumas pistas aos alunos de maneira discreta, desde que perceba uma grande dificuldade devido à complexidade do problema em questão.
   ( ) A fase de compreensão de um problema torna-se mais acessível aos alunos, quando os problemas aproximam-se de sua realidade.
   ( ) Durante a execução de um plano para a resolução de um problema, não existe um objetivo a ser atingido, somente o êxito em solucioná-lo.

4. A respeito dos tipos de problemas que Butts (1997) nos sugere em seus estudos sobre a Resolução de Problemas, podemos afirmar:
   a) Exercício algorítmico é aquele que necessita que interpretemos e modifiquemos sua linguagem escrita para um algoritmo a ser resolvido.
   b) Todas as formas de exercícios que sejam de reconhecimento ou algorítmicos não fazem parte dos tipos de problemas apresentados por Butts (1997) em seus estudos.
   c) Podemos definir os problemas de aplicação como aqueles que não possuem palavras-chave em seus enunciados e que permitem mais de um resultado em sua resolução.
   d) Os problemas de pesquisa aberta e as situações-problema são os tipos de problemas que raramente vemos nos livros didáticos.

5. Assinale V (verdadeiro) ou F (falso) com base no que vimos neste capítulo:
   ( ) Para Polya (1995), a palavra *heurística* nunca teve relação com outras áreas do conhecimento; pelo contrário, surgiu relacionando-se com a Resolução de Problemas matemáticos.
   ( ) Freudenthal (1960), de origem alemã, foi o pesquisador matemático que criou nos EUA o movimento denominado *Educação Matemática Realística*, que trabalha com a Resolução de Problemas reais, ou contextualizados, no processo de ensino-aprendizagem.
   ( ) A heurística moderna, para Polya (1995), é somente "o estudo dos métodos e das regras da descoberta e da invenção".
   ( ) Apesar de a resolução de problemas matemáticos ser uma prática milenar no ensino, somente por volta de 1900 é que se iniciaram os primeiros estudos científicos nos EUA.
   ( ) O matemático e pesquisador Butts (1997), em seus estudos

sobre a Resolução de Problemas, sugere-nos que, para explorarmos ao máximo os problemas presentes nos livros didáticos, devemos reformulá-los, para ampliarmos o processo de ensino-aprendizagem.

Atividades de Aprendizagem

1. Na sua opinião e com base na leitura do capítulo 2, formule uma síntese dos principais pontos abordados e explique a relevância do trabalho em sala de aula por meio dessa metodologia no ensino da Matemática.

2. No texto foi empregada a palavra *heurística*. Pesquise um pouco mais sobre a sua origem e sobre o seu significado na didática da Matemática e na Resolução de Problemas. Registre suas conclusões.

3. Com base nas quatro fases para um trabalho mais eficaz com a Resolução de Problemas, propostas por Polya (1995), descritas e explicadas neste capítulo, descreva ou crie uma situação didática que se utilize dessas fases, aplique-as, se possível, em sala de aula e relate suas conclusões e análises.

Atividades Aplicadas: Prática

1. A partir dos estudos de Butts (1997) sobre os tipos de problemas e sua reformulação, selecione um problema de um livro didático e reformule-o de maneira que ele se transforme, passando de um problema de aplicação a uma situação-problema. Registre-o e analise-o com base nos estudos a ele relacionados.

2. Pesquise em livros didáticos e apresente pelo menos três enunciados de problemas que possam ser classificados como de pesquisa aberta, segundo Butts (1997).

Indicações culturais

ILHA das Flores. Direção e roteiro: Jorge Furtado. Direção de fotografia: Roberto Henkin e Sérgio Amon. Brasil: Casa de Cinema de Porto Alegre, 1989. 1 videocassete (13 min), VHS, son., color.

BROWN, D. **O código Da Vinci**. Rio de Janeiro: Sextante, 2004.

$$\frac{-b \pm \sqrt{b^2 - 4ac}}{2a}$$

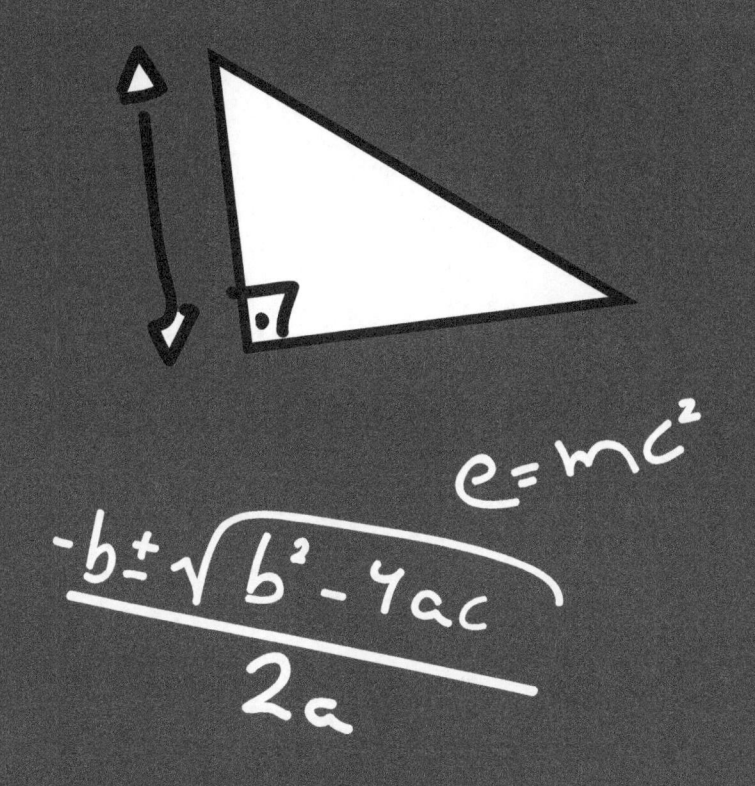

$e = mc^2$

Capítulo 3

Ao mencionarmos a palavra *avaliação*, de maneira geral, surgem inúmeras concepções sobre o assunto. Para compreendermos um pouco mais a respeito desse tema, iremos compor o que chamamos de *um breve panorama da avaliação em nosso país*. Para isso, analisaremos neste capítulo algumas perspectivas sobre o tema e discutiremos alguns programas oficiais de avaliação que permeiam o ensino da Matemática no Brasil.

Primeiramente, apresentaremos algumas considerações sobre a avaliação, para estabelecermos argumentos teóricos com a finalidade de analisarmos cada caso, ampliando, assim, a nossa compreensão sobre o tema. Para isso, analisaremos, inicialmente, as avaliações em pelo menos duas perspectivas, a externa e a interna.

Avaliação e Matemática: um breve panorama

As avaliações externas são realizadas pelos sistemas educacionais ou de ensino, normalmente em parcerias com institutos de pesquisas, órgãos governamentais ou outras entidades vinculadas à educação e ao seu financiamento. A maior parte delas buscam diagnosticar o rendimento escolar dos alunos em suas respectivas etapas da escolarização, sempre pautadas em critérios de medição do ensino e da aprendizagem, previstos por estudos estatísticos e por teorias socioeconômicas presentes em alguns documentos escolares ou currículos[m] comuns aos sistemas. Visam também levantar dados de uma determinada escola, de um sistema escolar ou de uma região do país, como, por exemplo, número de alunos nas etapas ou séries, número de professores e formação acadêmica, informações socioeconômicas das famílias dos alunos e dos professores de uma determinada região, entre outros dados.

Já as avaliações internas são todas aquelas realizadas pela própria escola, que normalmente está inserida num sistema de ensino ou educacional de uma determinada região. Nesse tipo de avaliação, o objetivo principal é a obtenção de um diagnóstico do processo de ensino-aprendizagem dos seus alunos em relação a um planejamento curricular previsto e desenvolvido nas etapas de escolarização, sendo que muitas das avaliações internas são baseadas em avaliações externas.

Algumas questões ligadas à avaliação da aprendizagem e que podem contribuir com nosso desenvolvimento profissional como professores ou educadores matemáticos são as relacionadas às visões técnico-científica e filosófico-política, que, de acordo com pesquisas de Depresbiteris (1998), servem para refletirmos um pouco mais sobre a importância da avaliação no processo de ensino-aprendizagem. Essa autora lembra-nos que, "paralelamente à perspectiva técnico-científica, um educador se deve conscientizar das implicações filosófico-políticas que permeiam o processo avaliativo".

Na perspectiva técnico-científica, a ênfase da avaliação fica no processo administrativo representado pela nota como instrumento de medida do conhecimento do educando. Nesse contexto, "há o grande perigo de se direcionar a aprendizagem apenas para o domínio de conteúdos de uma prova final, de uma unidade de ensino ou de um curso" (Depresbiteris, 1998, p. 162).

Pesquisa realizada por Depresbiteris (1998) indica que a avaliação vista como sinônimo da ação de medir de forma quantitativa se fez presente ao longo da história.

O uso da avaliação como medida vem de longa data. Através de EBEL, tem-se o relato de KUO sobre a presença de exames, já em 2205 a.C.

> Nessa época, o Grande "Shun", imperador chinês, examinava seus oficiais a cada três anos, com o fim de promovê-los ou demiti-los. O regime competitivo nos exames da China antiga tinha, então, como propósito principal, prover o Estado com homens capacitados. (DEPRESBITERIS, 1989)

Com o desenvolvimento de ciências ligadas à educação e ao processo de ensino-aprendizagem, a avaliação foi estudada criteriosamente. Assim, estabeleceram-se diferenças entre avaliar e medir. Popham (1983, citado por Depresbiteris, 1998, p. 163) aponta que "o processo avaliativo inclui a medida, mas nela não se esgota. A medida diz o quanto o aluno possui de determinada habilidade; a avaliação informa sobre o valor dessa habilidade. A medida descreve os fenômenos com dados quantitativos; a avaliação descreve os fenômenos e os interpreta, utilizando-se também de dados qualitativos".

Nesse contexto, ao se falar em avaliação da aprendizagem, é importante indicar suas funções, que, segundo Gronlund (1979, citado por Depresbiteris, 1998, p. 163), são as "de informar e orientar para a melhoria do processo ensino-aprendizagem".

Na perspectiva filosófico-política, Depresbiteris (1998, p. 169) aponta-nos que a avaliação pode ser considerada em três níveis: o educacional, relacionado à análise dos objetivos da instituição (internos e externos); o curricular, que consiste na "[...] análise da efetividade das experiências previstas pela escola, tais como adequação dos planos e programas de ensino, do material instrucional, desempenho dos docentes, dentre outros", e o da aprendizagem, referente à análise do resultado do aluno em relação ao conhecimento, às habilidades e às atitudes desenvolvidas no processo de ensino-aprendizagem.

A autora enfatiza que, nesses níveis,

> [...] a avaliação acompanha o planejamento educacional, curricular e de ensino, e aponta para a multiplicidade de variáveis a serem

consideradas. Na perspectiva filosófico-política da avaliação, deve-se zelar pela conscientização e participação dos professores e, em alguns casos, do próprio aluno, quando se tratar da tomada de decisões importantes relativas ao processo ensino-aprendizagem.

[...] Assim, o professor deve ser capacitado não só nos aspectos específicos metodológicos da avaliação da aprendizagem, como também nos macroaspectos que se relacionam com esse nível de avaliação. (Depresbiteris, 1998, p. 169)

É de fundamental importância então que o professor saiba identificar, observar e analisar as diversas relações que se estabelecem nesses níveis. Entre essas relações, Depresbiteris (1998) destaca: conceito de educação e pressupostos de aprendizagem; pressupostos de aprendizagem e propósitos curriculares; propósitos curriculares e papel do professor e do aluno; valorização do professor e formas de capacitá-lo; diretrizes de planejamento de ensino e avaliação da aprendizagem.

Dessa maneira, se a concepção de Educação for ampla, "considerada como uma prática social, uma atividade humana concreta e histórica, que se determina no bojo das relações sociais entre as classes e se constitui, ela mesma, em uma das formas concretas de tais relações" (GRZYBOWSKI, 1983), haverá uma busca constante de coerência entre as diversas ações das instituições de ensino para a formação de um ser social consciente e participativo. (Depresbiteris, 1998, p. 169-171)

Nessa perspectiva, necessitamos ampliar nossos conhecimentos sobre a avaliação da aprendizagem escolar. Luckesi (1995, p. 25-26), em um de seus estudos, descreve algumas das consequências da pedagogia[m] do exame – a pedagógica, a psicológica e a sociológica:

~ **pedagogicamente**, ela centraliza a atenção nos exames; não *auxilia a aprendizagem dos estudantes. A função verdadeira da avaliação da aprendizagem seria auxiliar a construção da aprendizagem satisfatória; como ela está centralizada nas provas e exames, secundariza o significado do ensino e da aprendizagem como atividades significativas em si mesmas e superestima os exames. Ou seja, pedagogicamente, a avaliação da aprendizagem, na medida em que estiver polarizada pelos exames, não cumprirá a sua função de subsidiar a decisão da melhoria da aprendizagem.*

~ **psicologicamente***, é útil para desenvolver personalidades submissas. O fetiche, pelo seu lado não transparente, inviabiliza tomar a realidade como limite da compreensão e das decisões da pessoa. A sociedade, por intermédio do sistema de ensino e dos professores, desenvolve formas de ser da personalidade dos educandos que se conformam aos seus ditames. A avaliação da aprendizagem utilizada de modo fetichizado é útil ao desenvolvimento da autocensura. De todos os tipos de controle, o autocontrole é a forma como os padrões externos cerceiam os sujeitos, sem que a coerção externa continue a ser exercitada. O autocontrole psicológico, talvez, seja a pior forma de controle, desde que o sujeito é presa de si mesmo. A internalização de padrões de conduta poderá ser positiva ou negativa para o sujeito. Infelizmente, os padrões internalizados em função dos processos de avaliação escolar têm sido quase todos negativos.*

~ **sociologicamente***, a avaliação da aprendizagem, utilizada de forma fetichizada, é bastante útil para os processos de seletividade social. Se os procedimentos da avaliação estivessem articulados com o processo de ensino-aprendizagem propriamente dito, não haveria a possibilidade de dispor-se deles como se bem entende. Estariam articulados com os procedimentos de ensino e não poderiam, por isso mesmo, conduzir ao arbítrio. No caso, a sociedade é estruturada em classes e, portanto, de modo desigual; a avaliação da aprendizagem, então, pode ser posta,*

sem a menor dificuldade, a favor do processo de seletividade, desde que utilizada independentemente da construção da própria aprendizagem. No caso, a avaliação está muito mais articulada com a reprovação do que com a aprovação e daí vem a sua contribuição para a seletividade social, que já existe independente dela. A seletividade social já está posta: a avaliação colabora com a correnteza, acrescentando mais um "fio d'água". (Luckesi, 1995)

Com base em todas essas perspectivas, podemos verificar que a avaliação, de uma maneira geral, tem sido uma das grandes preocupações de inúmeros estudiosos, nas mais diversas áreas de atuação, ligados aos campos da psicologia, da educação ou da pedagogia, da sociologia, da antropologia, das licenciaturas, dentre outros.

Ao concluirmos algumas reflexões sobre as concepções que vimos neste capítulo, podemos citar mais algumas palavras de Luckesi (1995, p. 46):

Um educador, que se preocupe com que a sua prática educacional esteja voltada para a transformação, não poderá agir inconsciente e irrefletidamente. Cada passo de sua ação deverá estar marcado por uma decisão clara e explícita do que está fazendo e para onde possivelmente está encaminhando os resultados de sua ação. A avaliação, neste contexto, não poderá ser uma ação mecânica. Ao contrário, terá de ser uma atividade racionalmente definida, dentro de um encaminhamento político e decisório a favor da competência de todos para a participação democrática da vida social.

Na sequência, veremos alguns dos programas oficiais de avaliação que incidem sobre o ensino da Matemática no Brasil, os quais podemos classificar como programas que realizam avaliações externas.

3.1 Programa Internacional de Avaliação de Alunos (Pisa)

Vamos apresentar aqui algumas informações a respeito do Pisa, promovido pela Organização para a Cooperação e Desenvolvimento Econômico (OCDE), cujo objetivo é avaliar em que medida as escolas estão preparando jovens de 15 anos para enfrentar os desafios do mundo contemporâneo.

Participam desse programa aproximadamente 40 países, sendo alguns destes convidados, como é o caso do Brasil. O Pisa é coordenado em nosso país pelo Instituto Nacional de Estudos e Pesquisas Educacionais Anísio Teixeira (Inep), do Ministério da Educação (MEC). Iniciou-se em 1999 com a pré-testagem realizada nos 28 países membros da OCDE e em outros 4 países convidados naquela data, sendo que a primeira prova oficialmente realizada pelo Pisa ocorreu em 2000, com foco maior na leitura e com itens de Matemática e Ciências. Em 2003, a prova enfatizou a Matemática e continha itens daquelas duas áreas, enquanto em 2006 a ênfase maior recaiu em Ciências, com questões de Matemática e leitura. As avaliações realizadas pelo Pisa acontecem de três em três anos, sempre com uma maior ênfase numa das três áreas mencionadas.

O desempenho em Matemática é medido no Pisa em uma única escala (**escala de letramento**[m] **em Matemática**), que, como no caso da leitura em 2000, foi construída com um escore médio de 500 pontos e desvio padrão de 100 pontos. Conforme a OCDE (2007, p. 21), o letramento em Matemática é "a capacidade individual de identificar e compreender o papel da Matemática no mundo, de fazer julgamentos bem fundamentados e de se envolver com a Matemática de maneira a atender às suas necessidades atuais e futuras como um cidadão construtivo, consciente e reflexivo".

A escala mede a capacidade dos estudantes de reconhecer e interpretar problemas matemáticos encontrados em sua realidade, de traduzir esses problemas para um contexto matemático, de usar os conhecimentos e os procedimentos matemáticos, de resolver problemas no seu contexto matemático, de interpretar o resultado em termos do problema original, de refletir sobre os métodos aplicados e de formular e comunicar os resultados. A seguir, vamos examinar algumas faixas de classificação na escala de letramento em Matemática.

Ao redor de **750 pontos**, os alunos interpretam e formulam problemas em termos matemáticos, são capazes de operar informações mais complexas e de negociar uma série de etapas processuais. Estudantes desse nível identificam e aplicam instrumentos e conhecimentos relevantes (frequentemente em um contexto de problemas não familiar), utilizam *insight* para identificar uma maneira adequada de encontrar uma solução e demonstram outros processos cognitivos de ordem superior, tais como generalização, raciocínio e argumentação, para explicar e comunicar resultados (Ocde, 2007).

Por volta dos **570 pontos**, os estudantes são normalmente capazes de interpretar, relacionar e integrar diferentes representações de um problema ou diferentes itens de informação; e/ou de usar e manipular o modelo dado, frequentemente envolvendo álgebra ou outra representação simbólica; e/ou de verificar e conferir proposições ou modelos dados. Os estudantes normalmente trabalham com estratégias, modelos ou proposições dadas (por exemplo, reconhecendo e extrapolando um padrão), selecionam e aplicam conhecimento matemático relevante para resolver um problema que pode envolver um pequeno número de etapas processuais (Ocde, 2007).

Ao redor de **380 pontos**, os estudantes usualmente são capazes de completar somente um único passo processual, que consiste em reproduzir fatos ou processos matemáticos básicos, ou de aplicar habilidades de cálculo simples. Os estudantes normalmente reconhecem informações do material de um diagrama ou texto familiar e direto no qual é dada ou é facilmente identificável uma formulação matemática. As interpretações ou raciocínios normalmente envolvem o reconhecimento de um único elemento familiar de um problema. A solução requer a aplicação de um procedimento de rotina em um único passo processual (Ocde, 2007).

O Brasil, no Pisa de 2003, que teve como ênfase a Matemática, encontra-se na média de 375 pontos. Com isso, coloca-se em antepenúltimo lugar entre os países participantes dessa avaliação externa, embora tenha tido melhoras significativas em relação ao Pisa de 2000.

3.2 Indicador Nacional de Alfabetismo Funcional* (Inaf)

Vamos analisar agora informações referentes a outra avaliação externa, o Inaf que avalia também o letramento no Brasil em relação às habilidades matemáticas**, que consiste no levantamento periódico de dados sobre as habilidades de leitura, escrita e matemática da população brasileira. É uma iniciativa do Instituto Paulo Montenegro (IPM)

---

* Alfabetismo funcional é, nessa concepção, a capacidade de letramento que uma pessoa desenvolveu, não sendo necessariamente relacionada a sua escolarização, ou seja, aos anos de frequência à escola.

** Letramento em habilidades matemáticas significa aprender a utilizar com compreensão as diferentes linguagens matemáticas, estabelecendo relações significativas entre elas e mobilizando conhecimentos na solução de problemas relacionados ao mundo do trabalho, da ciência, da vida cotidiana e escolar. Ou seja, compreender a leitura e a escrita da linguagem simbólica matemática como práticas sociais complexas, marcadas pelas dimensões culturais, sociais, políticas e ideológicas (FONSECA et al., 2004).

e da organização não governamental (ONG) Ação Educativa, cujo objetivo é divulgar informações e análises que ajudem a compreender e solucionar o problema da exclusão educacional. O Inaf utiliza uma amostra nacional em torno de duas mil pessoas de 15 a 64 anos.

No teste aplicado, são propostas 36 tarefas, de complexidade variada, que demandam habilidades de leitura e escrita de números e de outras representações matemáticas de uso social frequente (gráficos, tabelas, escalas etc.), análise ou solução de problemas envolvendo operações aritméticas simples (adição, subtração, multiplicação e divisão), raciocínio proporcional, cálculo de porcentagem, medidas de tempo, massa, comprimento e área.

Em situação de analfabetismo funcional estariam os sujeitos que não demonstram dominar sequer habilidades matemáticas mais simples, como ler o preço de um produto em um anúncio ou anotar um número de telefone ditado pelo entrevistador (Instituto Paulo Montenegro; Ação Educativa, 2002).

Os níveis de alfabetismo funcional[m] em Matemática medidos pelo Inaf são os seguintes:

~ **Nível 1** – Caracteriza-se pelo sucesso apenas em tarefas de leitura de números de uso frequente em contextos específicos: preços, horários, números de telefone, instrumentos de medida simples (relógio e fita métrica).

~ **Nível 2** – Encontram-se nesse nível aqueles que dominam completamente a leitura de números naturais, independente da ordem de grandeza. São capazes de ler e comparar números decimais que se refiram a preços, contar dinheiro, fazer troco e de resolver situações envolvendo operações usuais (adição e subtração) com valores em dinheiro e situações de multiplicação que não envolvam outras operações conjugadas.

~ **Nível 3** – Refere-se à capacidade de adotar e controlar uma estratégia na resolução de problemas que demandam a execução de uma série de operações. Encontram-se nesse nível aqueles que executam com tranquilidade tarefas de cálculo proporcional e apresentam familiaridade com gráficos, tabelas e mapas.

3.2.1 Inaf 2004 – habilidades matemáticas

A pesquisa revela pouca alteração na distribuição da população brasileira nos três níveis de alfabetismo matemático. Os resultados do Inaf 2004 não se distinguem daqueles obtidos na pesquisa de 2002, quando foram aplicados os mesmos instrumentos com idêntica metodologia amostral.

Observe a tabela com a comparação entre as duas avaliações do Inaf:

Tabela 1 – Evolução dos níveis de analfabetismo matemático de 2002 a 2004

	2002	2004	Diferença
Analfabeto	3%	2%	-1pp
Alfabetismo – Nível 1	32%	29%	-3pp
Alfabetismo – Nível 2	44%	46%	+2pp
Alfabetismo – Nível 3	21%	23%	+2pp

Fonte: Adaptado de INSTITUTO PAULO MONTENEGRO, 2007.
Nota: *pp* significa "ponto percentual".

Podemos destacar ainda sobre o alfabetismo funcional e as habilidades matemáticas, com base em tudo o que vimos sobre a avaliação do Inaf, que:

> Com frequência e relevância cada vez maiores, as habilidades matemáticas vêm sendo consideradas no estabelecimento de indicadores de alfabetismo funcional. O que aqui estamos chamando de habilidade matemática é a capacidade de mobilização de conhecimentos associados à quantificação, à ordenação, à orientação, e a suas relações,

operações e representações, na realização de tarefas ou na resolução de situações-problema. A preocupação em considerar tais habilidades na construção de indicadores de alfabetismo funcional explica-se pelo alargamento das concepções de alfabetismo e pela diversificação das demandas de leitura e escrita a que o sujeito deve atender para ser considerado funcionalmente alfabetizado. Está também associada à ampliação das perspectivas de escolarização da população, que vem requerendo que se estabeleçam parâmetros para a abordagem de outros conhecimentos para além da alfabetização num sentido mais estrito.
(Instituto Paulo Montenegro; Ação Educativa, 2002)

A avaliação efetivada pelo Inaf, mesmo não sendo uma avaliação de rendimento escolar – pois não se realiza no interior dos estabelecimentos educacionais, e sim na própria sociedade –, auxilia-nos a entender uma série de dados relevantes ao processo de ensino-aprendizagem. Assim, é essencial para os professores conhecer e analisar as informações apresentadas nessa pesquisa, a fim de ampliarem seus conhecimentos sobre as questões multidimensionais da avaliação em Matemática.

3.3 Sistema Nacional de Avaliação da Educação Básica (Saeb)

Apesar de existirem inúmeras avaliações externas que focam a Matemática, estamos abordando neste capítulo apenas aquelas que consideramos relevantes ao entendimento das diversas perspectivas e concepções sobre o tema. Portanto, finalizaremos estes estudos representando o sistema de avaliação de rendimento escolar realizado institucionalmente pelo Inep – o Saeb.

As avaliações do Saeb produzem informações a respeito da realidade educacional brasileira. A partir de 2005, ele passou a ser composto por duas avaliações, a Avaliação Nacional da Educação Básica (Aneb) e a Avaliação Nacional do Rendimento Escolar (Anresc). A primeira "é realizada por amostragem das redes de ensino, em cada unidade da Federação e tem foco nas gestões dos sistemas educacionais. [...] A Anresc é mais extensa e detalhada que a Aneb e tem foco em cada unidade escolar. Por seu caráter universal, recebe o nome de Prova Brasil em suas divulgações" (Brasil, 2007).

> *Desenvolvido pelo Instituto Nacional de Estudos e Pesquisas Educacionais Anísio Teixeira (Inep), autarquia do Ministério da Educação (MEC), o Saeb é a primeira iniciativa brasileira, em âmbito nacional, no sentido de conhecer mais profundamente o nosso sistema educacional. Além de coletar dados sobre a qualidade da educação no País, procura conhecer as condições internas e externas que interferem no processo de ensino e aprendizagem, por meio da aplicação de questionários de contexto respondidos por alunos, professores e diretores, e por meio da coleta de informações sobre as condições físicas da escola e dos recursos de que ela dispõe.*
>
> *[...] As informações obtidas a partir dos levantamentos do Saeb também permitem acompanhar a evolução da qualidade da Educação ao longo dos anos, sendo utilizadas principalmente pelo MEC e Secretarias Estaduais e Municipais de Educação na definição de ações voltadas para a solução dos problemas identificados, assim como no direcionamento dos seus recursos técnicos e financeiros às áreas prioritárias, com vistas ao desenvolvimento do Sistema Educacional Brasileiro e à redução das desigualdades nele existentes. (Brasil, 2007)*

No ano de 2003, o Saeb foi realizado com cerca de 300 mil alunos de 6.270 escolas das 27 unidades da federação. Em Matemática, as habilidades compreendem a capacidade do estudante para resolver problemas utilizando-se dos conceitos e das operações (efetuar as quatro operações aritméticas para a resolução e a aplicação de problemas de média e alta complexidade) da linguagem matemática em suas diversas dimensões.

3.3.1 Escala de avaliação do rendimento escolar em Matemática no Saeb 2001 e 2003

A escala medida em Matemática é mensurada de 0 a 425 pontos, de forma crescente, nos três níveis de avaliação do rendimento escolar, ou seja, no final da quarta e da oitava séries do ensino fundamental e da terceira série do ensino médio existentes no Brasil.

Em relação à avaliação das turmas de quarta série especificamente, observa-se que

> *uma média satisfatória para esse nível de escolarização deve estar, pelo menos, em 200 pontos. O desenvolvimento de algumas habilidades, como efetuar as quatro operações aritméticas, é importante para a resolução e aplicação de problemas de média e alta complexidade. Se o estudante não dominar esse pré-requisito, estará prosseguindo em sua trajetória escolar com déficits que comprometem ainda mais o seu aprendizado. Além disso, saber somar, dividir, multiplicar e subtrair é essencial no próprio cotidiano da vida moderna para, por exemplo, pagar uma conta ou calcular os juros de uma prestação. (Brasil, 2007)*

Tabela 2 – Médias de desempenho – BR, regiões, UFs e anos (2001 e 2003)
4ª série EF – Matemática

	2001	2003	Diferença	Sig.
Brasil	176,3	177,1	0,9	
Norte	163,6	163,4	-0,2	
Rondônia	170,9	169,4	-1,5	
Acre	153,6	160,3	6,7	**
Amazonas	167,8	167,9	0,1	
Roraima	168,8	164,7	-4,0	
Pará	161,8	160,0	-1,8	
Amapá	160,0	161,9	1,9	
Tocantins	160,7	166,6	5,9	
Nordeste	158,7	159,5	0,8	
Maranhão	155,4	155,5	0,1	
Piauí	162,2	159,0	-3,2	
Ceará	154,1	159,9	5,8	
Rio Grande do Norte	156,5	157,3	0,8	
Paraíba	165,7	159,6	-6,0	
Pernambuco	159,1	161,1	2,1	
Alagoas	159,7	155,5	-4,2	
Sergipe	164,9	166,4	1,5	
Bahia	159,6	161,2	1,6	
Sudeste	189,8	190,3	0,5	
Minas Gerais	190,4	195,8	5,5	
Espírito Santo	185,5	182,7	-2,8	
Rio de Janeiro	187,2	193,0	5,8	
São Paulo	190,8	187,1	-3,6	
Sul	188,1	186,7	-1,4	
Paraná	187,3	183,1	-4,1	
Santa Catarina	191,0	189,5	-1,5	
Rio Grande do Sul	187,5	188,8	1,3	

(continua)

(Tabela 2 – conclusão)

Centro-Oeste	175,7	180,2	4,4	**
Mato Grosso do Sul	167,7	173,0	5,3	**
Mato Grosso	166,1	170,3	4,2	
Goiás	177,3	181,7	4,4	
Distrito Federal	197,5	199,8	2,3	

Fonte: BRASIL. MEC/Inep/Daeb, 2007.
Notas: * Diferença significativa por procedimentos estatísticos mais rigorosos.
** Diferença significativa por procedimentos estatísticos menos rigorosos.

Em relação aos dados dessa avaliação em Matemática, podemos verificar que no Brasil, nos anos de 2001 e 2003, o rendimento escolar, em termos gerais, esteve abaixo da média esperada de 200 pontos para esse nível de ensino, na escala que vai até 425 pontos. A mesma situação repete-se nos níveis seguintes, ou seja, na 8ª série do ensino fundamental e na 3ª série do ensino médio no Brasil.

Esses apontamentos podem ser evidenciados na tabela apresentada a seguir, na qual encontramos dados relacionados à 8ª série do ensino fundamental, colhidos entre 2001 e 2003.

Tabela 3 – Médias de desempenho – BR, regiões, UFs e anos (2001 e 2003)
8ª série EF – Matemática

	2001	2003	Diferença	Sig.
Brasil	243,4	245,0	1,6	
Norte	231,9	229,3	-2,5	
Rondônia	240,7	233,6	-7,1	**
Acre	223,1	229,1	6,1	
Amazonas	226,3	225,8	-0,5	
Roraima	234,6	242,6	8,0	
Pará	235,5	230,9	-4,5	

(continua)

(Tabela 3 – conclusão)

Amapá	231,8	232,5	0,7	
Tocantins	232,3	226,2	-6,1	
Nordeste	**228,8**	**230,4**	**1,6**	
Maranhão	223,1	221,5	-1,6	
Piauí	239,6	238,6	-1,0	
Ceará	226,2	228,2	2,0	
Rio Grande do Norte	233,7	232,6	-1,1	
Paraíba	232,0	227,5	-4,6	
Pernambuco	226,0	230,1	4,1	
Alagoas	225,5	228,0	2,5	
Sergipe	231,6	233,7	2,1	
Bahia	232,3	235,9	3,6	
Sudeste	**249,7**	**252,3**	**2,6**	
Minas Gerais	254,9	250,8	-4,2	
Espírito Santo	246,4	245,5	-0,9	
Rio de Janeiro	251,5	252,6	1,1	
São Paulo	247,1	253,6	6,5	
Sul	**255,3**	**258,5**	**3,2**	
Paraná	247,4	258,2	10,7	**
Santa Catarina	260,1	257,3	-2,9	
Rio Grande do Sul	260,4	259,6	-0,8	
Centro-Oeste	**244,8**	**246,3**	**1,5**	
Mato Grosso do Sul	250,8	252,8	2,0	
Mato Grosso	239,0	236,8	-2,2	
Goiás	240,3	245,1	4,8	
Distrito Federal	257,6	257,7	0,2	

Fonte: BRASIL. MEC/Inep/Daeb, 2007.
Notas: * Diferença significativa por procedimentos estatísticos mais rigorosos.
  ** Diferença significativa por procedimentos estatísticos menos rigorosos.

Para a 8ª série a escala média é de 300 pontos, o que mais uma vez não ocorre segundo dados dessa tabela sobre o Saeb.

Tabela 4 – Médias de desempenho – BR, regiões, UFs e anos (2001 e 2003)
3ª série EM – Matemática

	2001	2003	Diferença	Sig.
Brasil	276,7	278,7	2,0	
Norte	255,1	258,0	2,9	
Rondônia	275,2	271,6	-3,6	
Acre	258,4	274,5	16,1	
Amazonas	243,8	255,5	11,7	**
Roraima	253,0	262,2	9,2	
Pará	259,3	257,4	-1,9	
Amapá	255,6	269,8	14,2	
Tocantins	255,0	246,6	-8,5	
Nordeste	264,1	266,1	2,0	
Maranhão	257,1	271,0	13,9	**
Piauí	270,7	268,5	-2,1	
Ceará	266,7	271,2	4,5	
Rio Grande do Norte	259,1	260,5	1,4	
Paraíba	265,9	261,5	-4,4	
Pernambuco	260,4	264,5	4,1	
Alagoas	261,3	263,0	1,7	
Sergipe	267,0	259,2	-7,9	
Bahia	267,6	266,3	-1,3	
Sudeste	280,2	283,8	3,6	
Minas Gerais	280,3	291,7	11,4	
Espírito Santo	280,5	282,7	2,2	
Rio de Janeiro	280,9	282,6	1,8	
São Paulo	279,9	281,1	1,1	
Sul[1]	293,2	296,1	2,9	
Paraná	280,0	291,5	11,6	
Santa Catarina	-	-	-	
Rio Grande do Sul	309,9	301,7	-8,2	

(continua)

(Tabela 4 – conclusão)

Centro-Oeste	285,1	279,6	-5,5
Mato Grosso do Sul	288,5	286,5	-2,0
Mato Grosso	280,0	272,5	-7,5
Goiás	280,1	272,9	-7,2
Distrito Federal	295,8	294,3	-1,6

Fonte: BRASIL. MEC/Inep/Daeb, 2007.

Notas: * Diferença significativa por procedimentos estatísticos mais rigorosos.

　　　　** Diferença significativa por procedimentos estatísticos menos rigorosos.

[1] Correção de médias para 2001 e 2003: exclusão dos resultados de SC para possibilitar a comparação dos resultados da Região Sul entre os anos.

E finalmente o mesmo ocorre em relação à avaliação do Saeb de 2001 e 2003 para a 3ª série do ensino médio, que apresenta resultados abaixo da média desejada de 375 pontos no Brasil.

3.3.2 Classificação por estágios de desenvolvimento (Saeb)

Para auxiliar a interpretação e a análise dos dados apresentados, o Saeb desenvolveu uma classificação por estágios de desenvolvimento, de acordo com os resultados, o que pode ser visto no quadro a seguir.

Quadro 1 – Classificação por estágios de desenvolvimento

Muito crítico	Não conseguem transpor para uma linguagem matemática específica comandos operacionais elementares compatíveis com a série. (Não identificam uma operação de soma ou subtração envolvida no problema ou não sabem o significado geométrico de figuras simples).
Crítico	Desenvolvem algumas habilidades elementares de interpretação de problemas aquém das exigidas para o ciclo. São capazes de reconhecer partes de um todo em representações geográficas e calcular áreas de figuras desenhadas em malhas quadriculadas contando o número de lados. Resolvem problemas do cotidiano envolvendo pequenas quantias em dinheiro.

(continua)

(Quadro 1 – conclusão)

Intermediário	Desenvolvem algumas habilidades de interpretação de problemas, aproximando-se do esperado para a 4ª série. Entre outras habilidades, resolvem problemas do cotidiano envolvendo adição de números racionais com o mesmo número de casas decimais, calculam o resultado de uma adição e subtração envolvendo números de até três algarismos, inclusive com recurso e reserva, de uma multiplicação com um algarismo.
Adequado	Interpretam e sabem resolver problemas de forma competente. Apresentam as habilidades compatíveis com a série. Reconhecem e resolvem operações, com números racionais, de soma, subtração, multiplicação e divisão. Além das habilidades descritas para os estágios anteriores, resolvem problemas que utilizam a multiplicação envolvendo a noção de proporcionalidade, envolvendo mais de uma operação, incluindo o sistema monetário, e calculam o resultado de uma divisão por número de dois algarismos, inclusive com resto.

Fonte: Adaptado de BRASIL, 2007.

A seguir apresentamos esses resultados, distribuídos pela frequência dos alunos nos intervalos das escalas de desempenho na área de Matemática no Brasil. Observe as seguintes tabelas:

Tabela 5 – Percentual de estudantes nos estágios de construção de competências
Matemática 4ª Série EF – Brasil – Saeb 2001 e 2003

Estágio	2001	2003
Muito Crítico	12,5	11,5
Crítico	39,8	40,1
Intermediário	40,9	41,9
Adequado	6,8	6,4
Total	100,00	100,00

Fonte: BRASIL, 2007.

Tabela 6 – Percentual de estudantes nos estágios de construção de competências
Matemática 8ª Série EF – Brasil – Saeb 2001 e 2003

Estágio	2001	2003
Muito Crítico	6,7	7,3
Crítico	51,7	49,8
Intermediário	38,8	39,7
Adequado	2,8	3,3
Total	100,00	100,00

Fonte: BRASIL, 2007.

Tabela 7 – Percentual de estudantes nos estágios de construção de competências
Matemática 3ª Série EM – Brasil – Saeb 2001 e 2003

Estágio	2001	2003
Muito Crítico	4,8	6,5
Crítico	62,6	62,3
Intermediário	26,6	24,3
Adequado	6,0	6,9
Total	100,00	100,00

Fonte: BRASIL, 2007.

Síntese

Acreditamos que, com todos esses dados e com algumas das explicações sobre eles, podemos refletir sobre os vários modelos de avaliações externas em Matemática existentes no Brasil. É claro que há outras avaliações externas em Matemática, como o Exame Nacional do Ensino Médio (Enem), do próprio Inep, entre outros. Procuramos com esses três modelos apontar algumas das perspectivas e das concepções em que se baseiam as avaliações externas em nosso país. Existem outras variáveis nos modelos apresentados, que não foram focados em nossas discussões. Para o leitor obter maior aprofundamento nesse tema, sugerimos que realize pesquisas nas páginas da internet dos órgãos mencionados: Inep, MEC, IPM, Inaf, entre outros.

Nosso objetivo aqui foi o de apresentar um breve panorama da avaliação em nosso país e, com isso, contribuir para um maior entendimento sobre alguns modelos de avaliações internas e externas, bem como expor algumas das concepções sobre o complexo tema *avaliação* a partir das pesquisas científicas realizadas por Depresbiteris (1998) e Luckesi (1995; 1996).

Atividades de Autoavaliação

1. Com base no que foi visto sobre avaliação neste capítulo, assinale os itens a seguir com V (verdadeiro) ou F (falso):
   ( ) As avaliações externas ocorrem somente fora dos sistemas de ensino ou de educação em nosso país.
   ( ) As avaliações externas buscam inúmeros dados, como o número de alunos, de professores, entre outros, além do rendimento escolar.
   ( ) As avaliações internas que são realizadas pelas próprias escolas não possuem semelhanças com as externas nem são influenciadas por elas no Brasil.
   ( ) A avaliação interna tem como objetivo principal a obtenção de um diagnóstico do processo de ensino-aprendizagem dos alunos em relação a um planejamento curricular.

2. Assinale a única alternativa correta sobre a avaliação da aprendizagem:
   a) Segundo Depresbiteris (1998), ao professor basta dominar a visão técnico-científica no emprego da avaliação.

b) Na perspectiva filosófico-política da avaliação, não se deve zelar pela conscientização e pela participação dos professores para a tomada de decisões importantes relativas ao processo de ensino-aprendizagem.

c) Na perspectiva técnico-científica, a avaliação já não é mais confundida com a noção de medir.

d) Para Depresbiteris (1998), a avaliação na perspectiva filosófico-política pode ser considerada em três níveis, o educacional, o curricular e o da aprendizagem.

3. Assinale V (verdadeiro) ou F (falso) para as afirmações sobre as consequências da pedagogia do exame apontadas por Luckesi (1995; 1996):

( ) Pedagogicamente, a avaliação, ao estar polarizada pelos exames, cumprirá a sua função de subsidiar a melhoria da aprendizagem.

( ) Sociologicamente, a avaliação da aprendizagem utilizada pela pedagogia do exame é inútil aos processos de seletividade social.

( ) Psicologicamente, essa pedagogia é útil para desenvolver personalidades submissas. A avaliação da aprendizagem utilizada de modo fetichizado é útil ao desenvolvimento da autocensura.

( ) Sociologicamente, se os procedimentos da avaliação estivessem articulados com o processo de ensino-aprendizagem, não haveria a possibilidade de a escola dispor deles como bem entende.

4. Sobre as avaliações externas apresentadas, é correto afirmarmos que:

a) Para o Inaf, a habilidade matemática é a capacidade de mobilização de conhecimentos associados à quantificação, à ordenação, à orientação e a suas relações, operações e representações na reali-

zação de tarefas ou na resolução de situações-problema.
b) A avaliação realizada pelo Saeb é considerada de aprendizagem e não de rendimento escolar.
c) Na avaliação do Pisa, o letramento é somente a capacidade de realizar cálculos com procedimentos matemáticos adequados.
d) O Saeb tem como objetivo avaliar em que medida as escolas estão preparando jovens de 15 anos para enfrentar os desafios do mundo contemporâneo.

5. Com base no que vimos neste capítulo, assinale V (verdadeiro) ou F (falso), sobre as três avaliações externas apresentadas:
( ) No Brasil, as avaliações de rendimento escolar que vêm sendo realizadas pelo Saeb têm demonstrado que os alunos estão, na sua maioria, abaixo das médias desejadas para os seus níveis de ensino.
( ) As pesquisas realizadas pelo Inaf em nosso país demonstram que o percentual de analfabetos funcionais encontra-se entre 2% e 3%.
( ) A avaliação feita em 2003 pelo Pisa, com foco em Ciências, destaca que o Brasil encontra-se em antepenúltimo lugar entre os países participantes.
( ) Um dos resultados importantes do Inaf é que houve uma diminuição dos percentuais dos níveis 2 e 3 nas pesquisas de 2002 e 2004 sobre o alfabetismo funcional em Matemática no Brasil.
( ) Na avaliação do Pisa de 2003, com ênfase em Matemática, o Brasil obteve apenas uma pontuação em torno de 375. Ou seja, nesse nível os estudantes usualmente são capazes de completar somente um único passo processual, que consiste em reproduzir fatos ou processos matemáticos básicos, ou de aplicar habilidades de cálculo simples.

Atividades de Aprendizagem

1. Com base na leitura deste capítulo, formule uma síntese dos principais pontos abordados e explique a relevância do tema no trabalho em sala de aula, no processo de ensino-aprendizagem da Matemática.

2. Pesquise um pouco mais sobre pelo menos uma das avaliações externas aqui apresentadas e registre suas conclusões.

Atividades Aplicadas: Prática

1. De acordo com os textos de Depresbiteris (1998) e Luckesi (1995; 1996) sobre avaliação, descreva ou crie uma situação didática de avaliação que se baseie nessas concepções ou perspectivas. Se possível, aplique-as em sala de aula e relate suas conclusões e análises.

2. Reflita sobre os dados das três avaliações externas discutidas neste capítulo e trace um panorama geral a respeito do ensino de Matemática no Brasil. Relate suas conclusões e análises.

3. Descreva com suas palavras e com base nas considerações teóricas aqui apresentadas o que você pensa sobre os atuais modelos de avaliação interna e externa.

Indicações culturais

GÊNIO Indomável (Good Will Hunting). Direção: Gus van Sant. EUA: Paris Vídeo Filmes, 1997. 1 filme (126 min), son., color.

SCHLIEMANN, A. D. et al. **Na vida dez, na escola zero.** 13. ed. São Paulo: Cortez, 2003.

FIORENTINI, D.; MIORIM, M. A. (Org.). **Por trás da porta, que a matemática acontece?** Campinas: FE/ Unicamp – Cempem, 2001.

$$\frac{-b \pm \sqrt{b^2 - 4ac}}{2a}$$

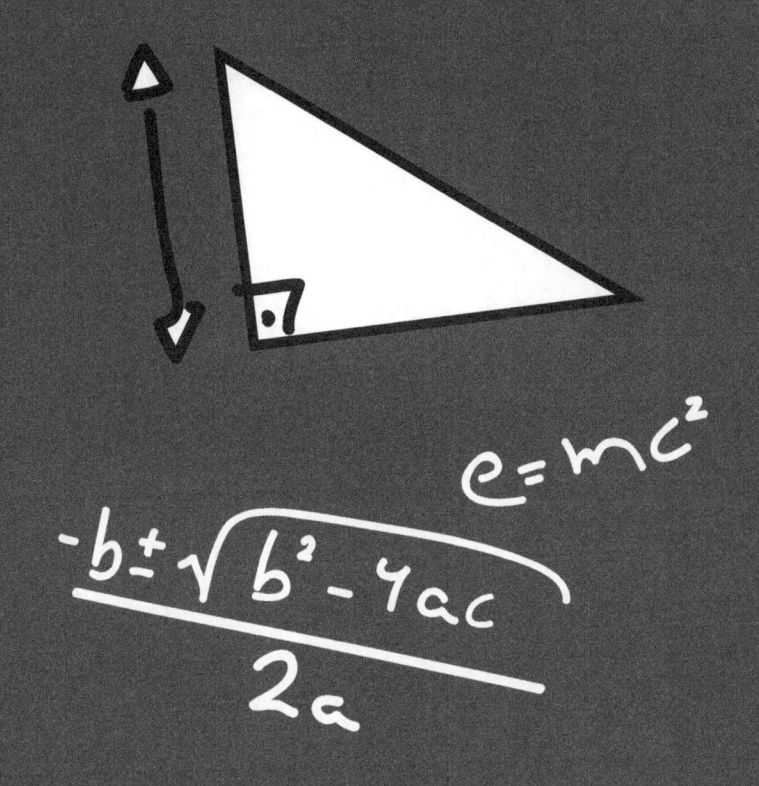

$e = mc^2$

Capítulo 4

Neste capítulo, veremos alguns estudos sobre a avaliação em Educação Matemática publicados em artigos científicos, principalmente por pesquisadores brasileiros e portugueses, e algumas práticas avaliativas nessa área do conhecimento. Vamos inicialmente discutir alguns pontos sobre avaliação vistos no capítulo anterior, especificamente quando abordamos as concepções que embasam as avaliações de rendimento escolar e da aprendizagem.

Avaliação em Educação Matemática: teorias e práticas

Ao retomarmos as concepções que fundamentam as avaliações de rendimento escolar e da aprendizagem, tema tratado no terceiro capítulo, encontramos alguns artigos de pesquisadores ligados à Educação Matemática que procuram ampliar essas discussões teóricas nesse campo do conhecimento. Santos (2004, p. 2-3), em seu artigo *Avaliação em matemática: o que compete ao professor*, aponta-nos que, embora algumas características de diferentes concepções de avaliação se façam conhecidas, "ao que parece não têm sensibilizado a impenetrabilidade da instituição escolar, dado que os índices atuais de aproveitamento beiram limites inaceitáveis". Assim, o autor questiona os critérios e as formas de avaliação majoritariamente adotadas e, consequentemente, questiona "o ensino que as legitima: do planejamento à realização".

Nesse sentido, a prática de avaliação precisa estar associada ao projeto pedagógico da escola, o que significa que o processo avaliativo reflete a filosofia da escola. "Se a escola desenvolve um projeto claramente definido as práticas de avaliação o traduzem nitidamente. Se, ao contrário, não há projeto aparentemente definido pode-se identificar, principalmente nas práticas de avaliação, características definidoras de um projeto pedagógico oculto." (Santos, 2004, p. 2).

> Nas práticas de avaliação observadas na escola de hoje identifica-se a presença de orientações tributárias de diferentes modelos teóricos produzidos historicamente oscilando entre o ponto de vista que considera a avaliação com o objetivo de selecionar ou classificar os alunos pelo seu grau de sucesso ou fracasso na aprendizagem (Grégorie, 2000) ou o ponto de vista interessado em identificar os sintomas subjacentes ao desempenho do aluno. Expressam assim, tais orientações, o modo possível de avaliar de acordo com as condições em que atua e ao modo como atua o professorado no contexto educacional brasileiro.
> Trabalhos mais recentes como os de Abrantes (1995), Giménez (1997), Medina (1998), Llinares y Sánchez (1998), Bideaud (2000), Grégorie (2000) indicam como finalidade da avaliação melhorar o processo global de ensino-aprendizagem, no qual estão incluídos o aluno, o professor, os programas e o sistema educacional, superando perspectivas que privilegiaram, em diferentes períodos históricos, ora a avaliação de habilidades cognitivas dos alunos, ora os objetivos educacionais. Nessa trajetória as formas e instrumentos adotados para avaliar se diversificaram e passaram a cumprir objetivos diferentes. Além de testes psicométricos, provas, há análises diagnósticas com vistas à interpretação das dificuldades e erros observados nas práticas de sala de aula. O visível

desenvolvimento, no campo das ideias, não tem se refletido completamente no campo da ação. As formas inovadoras de avaliação ainda são tratadas como experimentos localizados. (Santos, 2004, p. 1-4)

O que ocorre com relação à atual forma como a escola básica está organizada é que ela produz sem intenção, mas eficazmente, o fracasso e, por consequência, a exclusão. "A avaliação é o elemento que corrobora e põe a nu essa face da escola, confirmando a necessidade de mudanças urgentes em vários níveis" (Santos, 2004).

Se a avaliação (externa e interna) colabora no processo de desnudamento da escola, é por meio dela que encontraremos caminhos para a efetivação de um processo de ensino-aprendizagem da Matemática com qualidade.

A realidade do aproveitamento dos alunos nas escolas do ensino fundamental também tem sido mostrada pelos resultados de avaliações externas realizadas sob essa perspectiva (SAEB, SARESP etc.). São avaliações que expõem os defeitos da escola e do seu ensino e têm forte impacto sobre sua dinâmica. Como tais avaliações têm ocorrido, sucessivamente, sobre as mesmas amostras, essas, num instinto de autodefesa, vêm sendo preparadas de antemão para a etapa seguinte. Diante da dificuldade de melhorar a qualidade do ensino oferecido um dos modos de a escola assimilar a rotina de avaliações e atenuar o impacto dos baixos resultados é rendendo-se à lógica imposta por essa rotina, mediante treinamentos intensivos dos alunos submetendo-os a frequentes exames simulados.

Tendo em vista a história de dificuldades relacionadas ao ensino e aprendizagem da Matemática no país, esse fenômeno não representa novidade do mesmo modo que não é algo particular da realidade brasileira. Há inúmeros motivos para que, em qualquer instituição de ensino, os professores que ensinam Matemática se interessem em tomar providências para reverter esse quadro. Assistimos a algumas mudanças curriculares e, ultimamente, foram tomadas medidas que modificaram a organização dos níveis de escolarização (de seriação para ciclos) e do sistema de promoção dos alunos para mudar de série ou ciclo. Embora essas providências tenham como meta reduzir os altos índices de repetência e evasão escolar é fácil supor e comprovar que, no que se refere ao aproveitamento escolar e às dificuldades de aprendizagem a implicação não é direta nem imediata. Os resultados continuam insatisfatórios: os alunos não reprovam mas fracassam no seu aprendizado (Santos, Teixeira e Morellatti, 2003). (Santos, 2004, p. 4)

Assim, verificamos que Santos (2004) destaca a existência de inúmeras formas sob as quais a avaliação em Matemática tem sido empregada em nosso país. Com isso, mais uma vez discutiremos as perspectivas e as concepções que fundamentaram esse tema e os elementos relacionados, tais como as noções de currículo, de educação, de ciência, da própria avaliação, entre outras.

Para reforçar essa discussão, Buriasco (2004), especialista na avaliação em Educação Matemática, em seu artigo *Do rendimento para a aprendizagem: uma perspectiva para a avaliação*, aponta-nos que a avaliação, como parte de um processo educacional, precisa estar inclusa numa perspectiva política, ou seja, questionar o próprio processo e função, observar a que interesses está servindo, quais as contradições sociais presentes e buscar "um comprometimento com a construção da cidadania de cada um".

Por conseguinte, a avaliação se desvia de sua função diagnóstica e volta-se, quase que exclusivamente, para a função classificatória, que é incentivada no modo de vida de uma sociedade que valoriza a competição (BURIASCO, 1999). Com isso, define, muitas vezes, a trajetória escolar do aluno, não só em termos da sua manutenção ou eliminação da escola, como também no tipo de profissão que terá no futuro. Assim, ao decidir sobre quem fica ou quem sai da escola, a avaliação demonstra fortemente sua função seletiva.

[...] Sendo assim, a avaliação, absolutamente empobrecida, destituída de suas funções principais que dizem respeito a aprimorar o processo de ensino e aprendizagem, deixa de ser processo e passa a ser apenas uma etapa final, pouco ligada ao antes e completamente desligada do depois (BURIASCO, 1999). Ou seja, considerando os resultados finais que levam a situações irreversíveis no que diz respeito ao desempenho dos alunos, sem que sejam levadas em conta as muitas implicações, inclusive sociais, de um processo decisório fatal do ponto de vista educacional.

[...] Mudança efetiva na avaliação em sala de aula representa mudança na concepção do processo de ensino e aprendizagem, do papel do professor e do aluno, de como o professor lida com os conteúdos que ensina, de como compreende como os alunos lidam com esses mesmos conteúdos, entre outras mudanças.

Podemos pensar em mudar a avaliação por meio da mudança da organização, da estratégia e habilidade em desenvolver novas técnicas para desenhar medições válidas e confiáveis baseadas, por exemplo, no desempenho do aluno em sala de aula. Nesta perspectiva, podemos utilizar a autoavaliação, a avaliação de pares, os testes em duas fases, o portfolio. (Buriasco, 2004)

Nas análises e nas sugestões que encontramos nesse artigo, observamos algumas expressões de práticas avaliativas com as quais não estamos familiarizados, como, por exemplo, os testes em duas fases e os *portfolios*.

No teste em duas fases, a ideia consiste em elaborar, como o próprio nome sugere, um teste a que o aluno responde em dois momentos: num primeiro momento, na sala de aula, com tempo limitado; num segundo momento, dispondo de mais tempo, normalmente uma semana. Na segunda fase desse teste, o professor avalia as respostas iniciais e retorna o trabalho ao aluno com comentários, ressalvas e dicas para auxiliar na resolução das atividades propostas. Após um tempo predeterminado para que o aluno procure e elabore novas soluções, o teste volta a ser entregue ao professor a fim de que proceda à análise e efetive a avaliação final levando em consideração o desempenho e o progresso do aluno em ambas as fases. Esse teste é constituído por diferentes tipos de questões, ou seja, questões de resposta curta, aberta e de ensaio ou simulação. Assim, possibilita desenvolver no alunado a persistência na busca de soluções e leva-o a observar o erro como parte de um processo, além de contribuir para uma atitude de reflexão sobre a construção do conhecimento por parte dos envolvidos no processo de ensino-aprendizagem (Menino; Santos, p. 2004).

Quanto ao *portfolio, trata-se de* um conjunto de trabalhos significativos produzidos pelos alunos. A sua elaboração, ou seja, a decisão do que será incluído é de responsabilidade do aluno e do professor. O *portfolio* pode ser definido como um instrumento pedagógico que documenta e registra, por meio de trabalhos significativos, testes, dentre outros materiais, o desenvolvimento da aprendizagem do aluno ao longo de um período (ano, bimestre, semestre ou ciclo letivo) (Menino; Santos, 2004, p. 4). Leal (1997, citado por Menino; Santos, 2004, p. 4) aponta que a elaboração do *portfolio* "[...] deve ser da responsabilidade tanto do professor como do aluno, que decidem, em conjunto, o que incluir no portfólio, em que condições, com que objetivos e o processo de avaliação."

> [...] A *Educação Matemática* viveu recentemente mudanças significativas ao nível dos currículos e das metodologias. Lester, Lambdin e Preston (1997) referem mesmo a existência de uma mudança de paradigma centrada nas assunções acerca da natureza da matemática

e do que é ensinar e aprender Matemática, adaptação à tecnologia e inovação e clarificação das funções da avaliação. No que respeita a esta última, a avaliação na sua vertente reguladora da aprendizagem assume cada vez maior importância, podendo tomar várias expressões na sua concretização. Quando desenvolvida pelo professor, avaliação formativa pode ocorrer em momentos diferentes, como no início de uma tarefa ou de uma situação didática – regulação proativa –, ao longo de todo o processo de aprendizagem – regulação interativa – ou após uma sequência de aprendizagens mais ou menos longa – regulação retroativa (Allal, 1986). Quando desenvolvida pelo aluno, autoavaliação é entendida como um processo de metacognição, processo mental interno através do qual o próprio toma consciência dos diferentes momentos e aspectos da sua actividade cognitiva.

[...] Tradicionalmente é o teste tradicional, com perguntas fechadas e realizado em tempo limitado, o mais utilizado como instrumento de avaliação em Matemática (APM, 1998), contudo este instrumento parece não responder aos princípios orientadores da avaliação apresentados anteriormente uma vez que não permite a inclusão de questões suficientemente ricas e abertas; não facilita uma utilização produtiva do erro; e não estimula a apresentação de raciocínios, interpretações e argumentos em situações complexas e reais. Para além disso, não é um instrumento que permita ao professor recolher evidências suficientemente ricas sobre os aspectos relacionados com a predisposição em relação à disciplina, nem que favoreça o desenvolvimento de competências de autoavaliação por parte do aluno.

[...] O relatório escrito é definido por Varandas (2000) como a produção escrita onde o aluno descreve, analisa e critica uma dada situação ou atividade. Além de se constituir como um instrumento de avaliação é claramente um factor de aprendizagem uma vez que o aluno tem de aprender a registar por escrito o seu pensamento, a articular ideias e *explicar procedimentos, ao mesmo tempo que critica os processos utilizados, avalia os desempenhos do grupo e o produto final. A produção de relatórios desenvolve capacidades de raciocínio e comunicação, o gosto pela pesquisa, a persistência, a responsabilidade e contribui para a construção de uma nova visão da atividade matemática (Valadares & Graça, 1999; Varandas, 2000). (Menino; Santos, 2004, p. 2-3)*

Constatamos que muitas das pesquisas sobre avaliação Matemática e algumas propostas curriculares das quais fazemos uso no Brasil são provenientes de experimentos e estudos realizados em outros países, muitos destes aplicados sob condições sociais, culturais e econômicas bem distintas das verificadas em nossa realidade. Então devemos, no mínimo, refletir sobre tudo isso.

Desse modo, não descartamos esses estudos e seus resultados, apenas entendemos que é preciso evitar certos "modismos", que frequentemente invadem nosso país. É extremamente importante que busquemos alguns desses modelos e critérios, para que possamos efetivar uma avaliação do processo de ensino-aprendizagem com base sólida em pesquisas científicas e que possam melhorar a qualidade da educação matemática dos nossos alunos.

Para isso, acreditamos existir uma enorme necessidade de entendermos alguns dos elementos que fazem parte do complexo e multidimensional tema *avaliação em Educação Matemática*. É nessa perspectiva que iremos abordar o artigo *Análise de erros como prática avaliativa da aprendizagem*, resultado das pesquisas de Pinto (2004). Para essa pesquisadora, o ato de

Avaliar a aprendizagem do aluno na perspectiva de sua formação é uma tarefa complexa que exige, não só olhar para os resultados objetivos das provas, sobretudo voltar-se para os processos utilizados pelos alunos na resolução das situações-problema. Nesse sentido, uma

avaliação formativa está inscrita numa pedagogia diferenciada que, ao contrário de uma pedagogia de exame, necessita contextualizar as respostas dos alunos enquanto sujeitos históricos que aprendem matemática em determinadas condições. É o conhecimento situado que estará em processo de julgamento, não o aluno.

[...] A avaliação, ideia força dessa análise, confunde-se mesmo com o ato de aprender, enquanto momento de repensar conceitos, selecionar ideias, criar estratégias, mobilizando o espaço mais complexo e oculto envolvido na aprendizagem que são as operações mentais dos sujeitos. Assumir essa nova postura que vai em direção ao bom êxito escolar do aluno, em especial, à sua formação, requer um trabalho mais rigoroso de busca, análise e interpretação de dados, para além de um olhar normativo sobre o processo de ensino e de aprendizagem. Postura que se inicia no momento em que o educador reflete sobre os significados dos erros e acertos dos alunos preocupando-se em compreender os diferentes processos que os alunos utilizam ao apropriar-se dos conhecimentos, ao inquietar-se frente aos resultados obtidos e buscar sua regulação. Entretanto, a concretização de uma nova prática de avaliação requer, mais que novas posturas e novas reflexões, um bom referencial teórico-metodológico, capaz de fundamentar a busca e instrumentalizar as ações.

Nessa perspectiva, as investigações em Educação Matemática têm demonstrado novas tendências no processo de ensino-aprendizagem. Isso implica que o professor deve buscar novos instrumentos e técnicas mais qualitativas, para promover uma melhor análise da produção dos seus alunos.

Dentre outros instrumentos, com características "qualitativas", que possibilitam o acesso à visibilidade das estratégias e procedimentos que os alunos empregam na sua experiência matemática, a análise de erros é uma ferramenta avaliativa que permite a exploração e a compreensão do erro a partir de suas origens, fornecendo valiosos subsídios para o professor planejar, a partir de uma pedagogia diferenciada, ações pertinentes à evolução do processo. O erro, produzido pelo aluno, pode ser considerado como um observável de grande significância para a avaliação formativa quando concebido, não como falha, ausência, um "vírus que deve ser imediatamente eliminado", mas como elemento natural do processo de conhecer. No entanto, para que possa ser realmente um "observável para o aluno" deve ser antes um "observável para o professor", compreendido, portanto, não como simples resposta errada, mas como uma questão que o aluno coloca ao professor no decorrer de seu processo de construção de conhecimento, ou seja, utilizado pelo professor não para sancionar e culpabilizar o aluno, mas como estratégia didática de grande potencialidade para a reorientação do ensino (Pinto, 2000).

[...] Assim, uma análise de erros, a partir de um trabalho coletivo, pode ser uma forma mais democrática de avaliar a aprendizagem, como também um valioso instrumento de autoavaliação tanto para o professor quanto para o aluno, por oferecer informações e pistas a respeito dos diferentes processos de aprendizagem que são desencadeados pelos alunos. Ao participar da atividade avaliativa, os alunos aprendem a identificar um "erro de distração" de um "erro de cálculo" e este de um "erro conceitual". Localizar as origens dos erros leva à compreensão das concepções errôneas e ao mesmo tempo possibilita aprender a utilizar estratégias variadas na resolução de um problema.

[...] A análise de erros, pelas possibilidades que oferece para compreender e interpretar a aprendizagem, penetrando nos espaços ocultos do "triângulo didático", ou seja, no núcleo da formação dos conceitos matemáticos, ao indagar e procurar compreender como ocorre o processo

cognitivo dos sujeitos que aprendem matemática, trata-se de um caminho que permite descrições muito mais ricas e inteligíveis que os métodos quantitativos quando se tem em vista a melhor qualidade do processo de ensino e aprendizagem. (Pinto, 2004, p. 1-13)

Nessa visão, podemos assumir a avaliação como uma prática investigativa, compromissada em auxiliar o aluno no seu processo de ensino-aprendizagem da Matemática escolar.

Síntese

Neste capítulo mais do que em outros, procuramos explorar as concepções de avaliação, suas perspectivas políticas e sociais, alguns modelos de instrumentos avaliativos, entre outros fatores referentes ao tema da avaliação em Matemática.

Os artigos científicos comentados nesta obra buscam ampliar os conhecimentos dos professores, dos educadores e dos futuros profissionais ligados à Educação Matemática sobre os processos avaliativos.

Assim, acreditamos ter fundamentado teoricamente alguns dos principais objetivos ligados aos processos avaliativos da Matemática escolar dentro de um panorama múltiplo, proporcionado pelas pesquisas no campo da Educação Matemática.

Atividades de Autoavaliação

1. A partir das leituras realizadas sobre a avaliação em Educação Matemática, assinale os itens a seguir com V (verdadeiro) ou F (falso):
   ( ) Em um artigo sobre avaliação, Santos (2004) cita inúmeros avanços apontados por outros pesquisadores, como Abrantes (1995), Gimenez (1997), Medina (1998), entre outros, mas enfatiza que

o "visível desenvolvimento, no campo das ideias, não tem se refletido no campo da ação".

( ) Santos (2004) afirma, em seu artigo, que existe a possibilidade de a prática avaliativa estar dissociada dos projetos pedagógicos das escolas.

( ) Em suas pesquisas, Santos (2004) aponta-nos que, apesar de ocorrer uma mudança no discurso sobre as rotinas de avaliação, ainda permanece "uma sistemática de avaliação incoerente com esse discurso".

( ) Para Santos (2004), as avaliações externas têm propiciado forte impacto sobre o ensino da Matemática, visando, principalmente, ao treinamento voltado à rotina de avaliação e não à aprendizagem dos alunos.

2. A respeito das opções avaliativas descritas por Buriasco (2004), é **incorreto** afirmarmos que:
   a) A avaliação tem se desviado de sua função diagnóstica para a função classificatória, incentivada pela sociedade, que valoriza a competição.
   b) Poucas escolas enfatizam uma avaliação de rendimento escolar.
   c) Avaliação de rendimento escolar não verifica a aprendizagem do aluno.
   d) Uma mudança real na avaliação em sala de aula representa também uma mudança na concepção do processo de ensino-aprendizagem.

3. Assinale V (verdadeiro) ou F (falso) a respeito das influências de pesquisas internacionais sobre a avaliação em Educação Matemática:
   ( ) Muitas das pesquisas aqui tratadas sobre a avaliação da aprendizagem em Matemática são oriundas dos EUA e de Portugal.

( ) A Associação de Professores de Matemática (APM) de Portugal constatou que, apesar de as práticas avaliativas terem se diversificado, ainda são mais valorizados pelos professores os testes escritos.

( ) O National Council of Teachers of Mathematics (NCTM) dos EUA apontam para o uso de um único instrumento de avaliação do poder matemático dos alunos.

( ) A avaliação formativa deve se realizar ao término de uma aprendizagem e nunca em outros momentos da escolarização.

4. Sobre as práticas avaliativas apresentadas, é correto afirmarmos que:
   a) O teste escrito tradicional é a única maneira de medirmos plenamente a aprendizagem em Educação Matemática.
   b) A avaliação realizada pelo relatório escrito obtém apenas o produto final, não observando outros critérios avaliativos da aprendizagem.
   c) Os testes em duas fases são avaliações que, além de serem realizadas em dois momentos, contemplam atividades diversas.
   d) *Portfolio* é a reunião de instrumentos de avaliação do rendimento escolar, com os quais se mede o desempenho dos alunos, classificando-os e selecionando os melhores resultados escolares.

5. Com base no que vimos neste capítulo, assinale V (verdadeiro) ou F (falso) sobre a avaliação em Educação Matemática e os erros dos alunos:

   ( ) Para Pinto (2004), avaliar a aprendizagem do aluno na perspectiva de sua formação exige um olhar específico dos resultados das provas.

   ( ) A avaliação formativa necessita de uma pedagogia diferenciada, distinta da pedagogia do exame.

   ( ) Numa avaliação formativa, o principal elemento obtido é sempre

analisado quantitativamente, por meio de gráficos, tabelas e levantamentos estatísticos, que apresentam o desempenho real dos seus alunos sobre o conhecimento obtido.
( ) Numa avaliação formativa, os erros são considerados partes integrantes da aprendizagem dos alunos e não falhas ou manifestações patológicas.
( ) A análise do erro permite que o aluno trabalhe com conceitos matemáticos, bem como com a construção de conhecimentos metodológicos da aprendizagem matemática.

Atividades de Aprendizagem

1. Apoiado na leitura deste capítulo, formule uma síntese dos principais pontos abordados e explique a relevância do tema para o trabalho do professor em sala de aula e a aprendizagem da Matemática por parte dos alunos.

2. Pesquise outras obras, estudos e artigos sobre a avaliação na perspectiva da Educação Matemática e depois apresente suas conclusões, registrando-as.

Atividades Aplicadas: Prática

1. De acordo com as informações apresentadas neste capítulo, reflita de maneira crítica sobre a avaliação em Educação Matemática. A seguir, descreva ou crie uma situação didática de avaliação para o trabalho com algum conteúdo matemático utilizando-se dessas concepções ou perspectivas. Se possível, aplique-as em sala de aula e relate suas conclusões e análises.

2. Com base em alguns dos modelos de avaliação apresentados neste capítulo, como, por exemplo, o teste em duas fases e o *portfolio*, formule suas conclusões a respeito dessas práticas avaliativas e de seus estudos.

3. Descreva com suas palavras e com base nas considerações teóricas aqui apresentadas, ou em outros estudos, tudo o que você pensa sobre os atuais modelos de avaliação aplicados à Matemática.

Indicações culturais

A Prova (Proof). Direção: John Madden. EUA: Vídeo Filmes, 2005. 1 filme (99 min), son., color.

Tahan, M. **O homem que calculava**. 55. ed. Rio de Janeiro: Record, 2001.

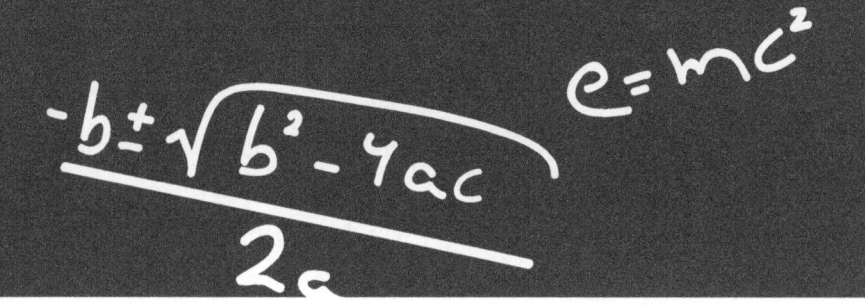

Considerações finais

Finalizamos esta obra evidenciando a necessidade de ampliarmos as discussões sobre os complexos temas apresentados e de vivenciarmos inúmeras e variadas práticas pedagógicas dentro do processo de ensino-aprendizagem da educação matemática dos nossos alunos.

Nesse sentido, percebemos que essa recente área do conhecimento, a Educação Matemática, tem contribuído para alguns dos inúmeros avanços em relação a temas como a didática em Matemática e a avaliação, não somente em Matemática, e também no que diz respeito à educação matemática dos cidadãos.

Para um grande número dos intitulados *matemáticos profissionais*, quase nada deve ser alterado no ensino da Matemática; os professores e os alunos é que devem aprofundar seus conhecimentos sobre os objetos matemáticos e, com isso, melhorar seus desempenhos. Nessa visão de ensino tradicional, apenas o treinamento resolveria os problemas da aprendizagem escolar, o que não se evidencia nas avaliações externas.

Na perspectiva da Educação Matemática, apenas esse ensino tradicional não resolve todos os problemas do amplo e complexo processo de ensino-aprendizagem da Matemática. Para darmos conta dessa problemática, necessitamos compreender as várias dimensões envolvidas, ou seja, a social, a cultural, a econômica, entre outras.

Acreditamos que os textos desta obra, que tratam especificamente de didática e avaliação em Matemática, servem para que iniciemos uma reflexão profunda a respeito dessas questões que realmente preocupam os verdadeiros educadores matemáticos no que se refere ao presente e ao futuro da educação no Brasil.

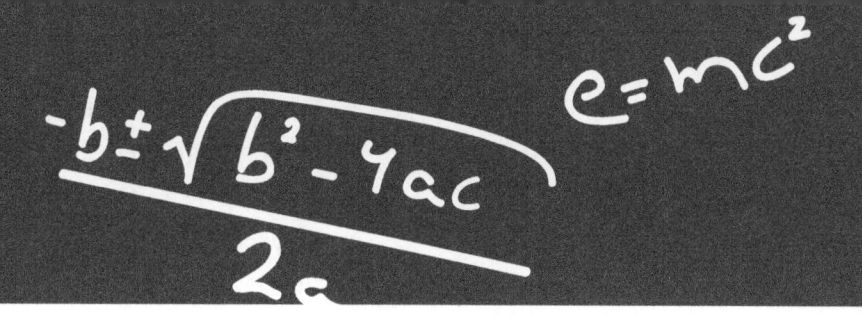

Glossário*

Alfabetismo funcional: capacidade de aprender a utilizar com compreensão os diferentes conhecimentos, estabelecendo relações significativas entre eles ao resolver problemas cotidianos.

Algoritmos: processo, procedimento ou técnica formal de cálculo.

Analogia: ponto de semelhança entre objetos ou definições distintas.

* Alguns conceitos aqui apresentados foram desenvolvidos a partir de definições encontradas no Inaf.

Currículo: pode ser brevemente definido como uma estratégia para a ação educativa que normalmente se constitui dos seguintes componentes: objetivos, conteúdos e métodos.

Distratores: dados ou elementos inseridos em problemas escritos que causam uma distração do aluno em relação ao objetivo principal, a Resolução de Problemas matemáticos.

Educação Matemática: para alguns, define-se como um campo de pesquisas educacionais ligado à Matemática. Assumiremos aqui uma concepção mais ampla, a de que é uma área do conhecimento que, entre outros aspectos, tem por objeto de estudo os fenômenos referentes ao processo de ensino-aprendizagem da Matemática.

Habilidades matemáticas: capacidade de mobilização de conhecimentos associados à quantificação, à ordenação, à orientação e a suas relações, operações e representações, na realização de tarefas ou na resolução de situações-problema.

Heurística: estudo dos métodos e das regras da descoberta e da invenção.

Heurística moderna: compreensão do processo que utilizamos para solucionarmos um problema, com uma atenção especial às operações mentais relevantes existentes nesse processo.

Letramento: desenvolvimento de competências (habilidades, conhecimentos e atitudes) para o uso efetivo, com compreensão, de uma tecnologia inserida em práticas sociais que envolvam uma linguagem escrita.

Letramento em habilidades matemáticas: significa aprender a utilizar com compreensão as diferentes linguagens matemáticas, estabelecendo relações significativas entre elas e mobilizando conhecimentos na solução de problemas relacionados ao mundo do trabalho, da ciência, da vida cotidiana e escolar. Ou seja, compreender a leitura e a escrita da linguagem simbólica matemática como práticas sociais complexas, marcadas pelas dimensões culturais, sociais, políticas e ideológicas.

Linguagens matemáticas: conjunto de símbolos desenvolvidos para a comunicação do conhecimento matemático, que é regido por normas.

Objetos matemáticos: os próprios conteúdos matemáticos, ou seja, os elementos que constituem o conhecimento matemático.

Palavras-chave: palavras que indicam ou definem um significado numa frase, sem a necessidade de outras para que sejam compreendidas.

Pedagogia: teoria e ciência da instrução e da educação.

Saberes: podemos definir, de maneira simplista, como o conjunto de conhecimentos, competências, habilidades e atitudes.

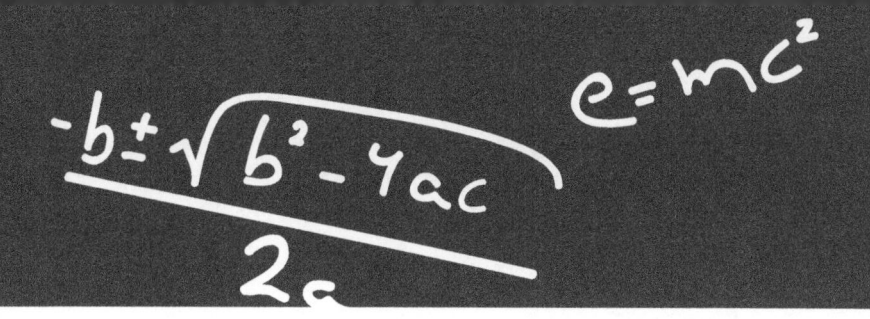

Referências por capítulo

Apresentação
[1] POLYA, 1995.

[2] BUTTS, 1997.

Capítulo 1
[1] CHEVALLARD, 1991, p. 39.

[2] Ibid.

3 BROUSSEAU, 1986

4 ROUSSEAU, 1762.

5 FILLOUX, 1973.

6 BROUSSEAU, 1986.

7 Ibid.

Capítulo 2

1 POLYA, 1995.

2 BUTTS, 1997.

3 PIAGET, 1971.

4 POLYA, 1995.

5 Ibid.

6 Ibid.

7 Ibid.

8 Ibid.

9 Ibid., p. 86.

10 HOUAISS; VILLAR, 2001, p. 1.524.

11 POLYA, 1995.

12 BUTTS, 1997.

[13] Ibid.

[14] Ibid.

[15] Ibid.

[16] Ibid.

[17] Ibid.

[18] POLYA, 1995.

[19] BUTTS, 1997.

[20] Ibid.

[21] Ibid.

[22] Ibid.

[23] Ibid.

[24] Ibid.

[25] POLYA, 1995.

[26] BUTTS, op. cit.

Capítulo 3

[1] DEPRESBITERIS, 1998.

[2] Ibid., p. 162.

[3] Ibid.

[4] Ibid.

[5] POPHAM, 1983, citado por DEPRESBITERIS, 1998, p. 163.

[6] GRONLUND, 1979, citado por DEPRESBITERIS, 1998, p. 163.

[7] DEPRESBITERIS, 1998, p. 169.

[8] Id.

[9] Ibid.

[10] Ibid., p. 169-171.

[11] LUCKESI, 1995, p. 25-26.

[12] Ibid.

[13] Ibid., p. 46.

[14] OCDE, 2007, p. 21.

[15] Ibid.

[16] Ibid.

[17] Ibid.

[18] INSTITUTO PAULO MONTENEGRO; AÇÃO EDUCATIVA, 2002.

[19] Ibid.

[20] BRASIL, 2007.

[21] Ibid.

[22] Ibid.

[23] DEPRESBITERIS, 1998.

[24] LUCKESI, 1995; 1996.

Capítulo 4

[1] SANTOS, 2004, p. 2-3.

[2] Ibid., p. 2.

[3] Ibid., p. 1-4.

[4] Ibid.

[5] Ibid., p. 4.

[6] Ibid.

[7] BURIASCO, 2004.

[8] Ibid.

[9] MENINO; SANTOS, 2004.

[10] Ibid., 2004, p. 4.

[11] LEAL, 1997, citado por MENINO; SANTOS, 2004, p. 4.

[12] MENINO; SANTOS, 2004, p. 2-3.

[13] PINTO, 2004.

[14] Ibid., 2004, p. 1-13.

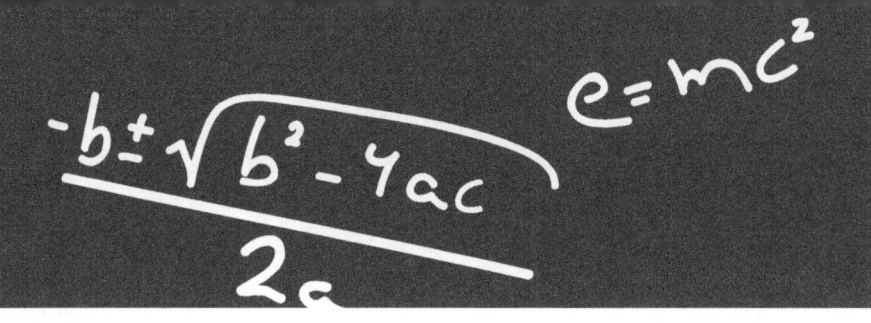

Referências

ABRANTES, P. **Avaliação e educação matemática**. Rio de Janeiro: Universidade de Santa Úrsula, 1995. (Série Reflexões em Educação Matemática).

ASSOCIAÇÃO DE PROFESSORES DE MATEMÁTICA. **Matemática 2001**: recomendações para o ensino e aprendizagem da Matemática. Lisboa: Instituto de Inovação Educacional, 1998.

BOYER, C. B. **História da matemática**. Tradução: Elza F. Gomide. 2. ed. São Paulo: Editora Blucher, 1996.

Brasil. Ministério da Educação. Instituto Nacional de Estudos e Pesquisas Educacionais Anísio Teixeira. Diretoria de Avaliação da Educação Básica. **Saeb**. Disponível em: <http://www.inep.gov.br/download/saeb/2004/resultados/ BRASIL.pdf>. Acesso em: 9 maio 2007.

Brasil. Ministério da Educação. **Parâmetros Curriculares Nacionais**: Matemática. Brasília, 1997.

Brousseau, G. Fondements et méthodes de la didactique des mathématiques. **Recherches en Didactique des Mathématiques**, Grenoble, v. 7, n. 2, p. 33-115, 1986.

Buriasco, R. L. C. de. Do rendimento para a aprendizagem: uma perspectiva para a avaliação. In: Encontro Nacional de Educação Matemática, 8., 2004, Recife. **Anais**... Recife: SBEM, 2004.

Butts, T. Formulando problemas adequadamente. In: Krulik, S.; Reys, R. E. **A Resolução de Problemas na matemática escolar**. Tradução: Hygino H. Domingues e Olga Corbo. São Paulo: Atual, 1997. p. 32-48.

Chevallard, Y. **La transposition didactique**. Paris: La Pensée Sauvage, 1991.

_____. **Estudar Matemática**: o elo perdido entre o ensino e a aprendizagem. Porto Alegre: Artmed, 2001.

D'Ambrosio, U. **Educação matemática**: da teoria à prática. Campinas: Papirus, 1996.

D'Amore, B. **Epistemologia e didática da Matemática**. São Paulo: Escrituras, 2005.

DEPRESBITERIS, L. **Avaliação da aprendizagem do ponto de vista técnico-científico e filosófico-político**. São Paulo: FDE, 1998. (Série Ideias, n. 8).

FILLOUX, J. **Positions de l'enseignant et de l'enseigné**. Paris: Dunond, 1973.

FONSECA, M. da C. F. R. et al. **Letramento no Brasil**: habilidades matemáticas. São Paulo: Global, 2004.

HADJI, C. **Avaliação desmistificada**. Tradução: Patrícia C. Ramos. Porto Alegre: Artmed, 2001.

HOUAISS, A.; VILLAR, M. de S. **Dicionário Houaiss da língua portuguesa**. 1. ed. Rio de Janeiro: Objetiva, 2001.

INSTITUTO PAULO MONTENEGRO. **Inaf**: indicador de alfabetismo funcional. Disponível em: <http://www.ipm.org.br>. Acesso em: 15 out. 2007.

_____; AÇÃO EDUCATIVA. **2º Indicador Nacional de Alfabetismo Funcional**: um diagnóstico para inclusão social. São Paulo, 2002.

LUCKESI, C. **Avaliação da aprendizagem escolar**: estudos e proposições. 2. ed. São Paulo: Cortez, 1995.

_____. **Avaliação educacional escolar, para além do autoritarismo**. São Paulo: Cortez, 1996.

MACHADO, N. J. Sobre a ideia de competência. In: PERRENOUD, P. et al. **As competências para ensinar no século XXI**: a formação dos professores e o desafio da avaliação. Porto Alegre: Artmed, 2002. p. 137-155.

MACHADO, S. D. A. et al. **Educação matemática:** uma introdução. 2. ed. São Paulo: Educ, 2002 (Série Trilhas).

MENINO, H.; SANTOS, L. Instrumentos de avaliação das aprendizagens em Matemática: o uso do relatório escrito, do teste em duas fases e do portefólio no 2º ciclo do ensino básico. In: SEMINÁRIO DE INVESTIGAÇÃO EM EDUCAÇÃO MATEMÁTICA, 15., 2004, Lisboa. **Actas do XV Siem...** Lisboa: APM. p. 271-291.

NATIONAL COUNCIL OF TEACHERS OF MATHEMATICS. **Normas para a avaliação em matemática escolar.** Lisboa: Associação de Professores de Matemática/Instituto de Inovação Educacional, 1999. (Obra original em inglês, publicada em 1995).

ORGANIZAÇÃO PARA COOPERAÇÃO E DESENVOLVIMENTO ECONÔMICO. **Pisa 2000:** Relatório Nacional. Disponível em: <http://www.oecd.org/dataoecd/30/19/33683964.pdf>. Acesso em: 12 maio 2007.

PAIS, L. C. **Didática da Matemática:** uma análise da influência francesa. 2. ed. Belo Horizonte: Autêntica, 2002.

PARRA, C.; SAIZ, I. et. al. **Didática da Matemática:** reflexões psicopedagógicas. Tradução: Juan Acuña Llorens. Porto Alegre: Artmed. 1996.

PERRENOUD, P. **Avaliação:** da excelência à regulação das aprendizagens; entre duas lógicas. Porto Alegre: Artmed, 1999.

PIAGET, J. **A epistemologia genética.** Tradução: Nathanael C. Caixeira. Petrópolis: Vozes, 1971.

_____. **Devenir mental et permanence normative, dans l'Introduction de l'Introduction à L'épistémologie Génétique.** Paris: P.U.F., 1949.

PINTO, N. B. Análise de erros como prática avaliativa da aprendizagem. In: ENCONTRO NACIONAL DE EDUCAÇÃO MATEMÁTICA, 8., 2004, Recife. **Anais**... Recife: SBEM, 2004. p. 1-13.

POLYA, G. **A arte de resolver problemas**: um novo aspecto do método matemático. Tradução e adaptação de Heitor Lisboa de Araújo. 2. ed. reimp. Rio de Janeiro: Interciência, 1995.

ROUSSEAU, J. J. **Contract social**. Paris: Genève, 1762.

SANTOS, V. de M. **Avaliação em Matemática:** o que compete ao professor. In: ENCONTRO NACIONAL DE EDUCAÇÃO MATEMÁTICA, 8., 2004, Recife. **Anais**... Recife: SBEM, 2004. p. 1-4.

SILVA, B. Contrato didático. In: MACHADO, S. D. A. et al. **Educação matemática**: uma introdução. São Paulo: Educ, 1999.

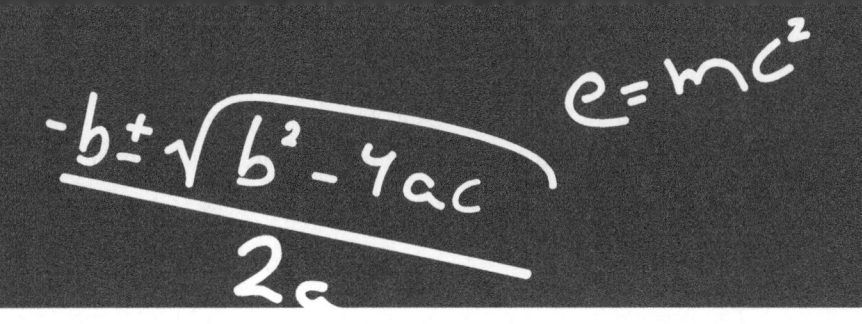

Bibliografia comentada

BOYER, C. B. **História da matemática**. Tradução: Elza F. Gomide. 2. ed. São Paulo: Blucher, 1996.

> Essa obra apresenta inúmeras informações precisas a respeito do desenvolvimento histórico da Matemática, sendo indicada aos profissionais dessa área do conhecimento, para que possam ter uma ideia mais ampla sobre o percurso da Matemática que conhecemos atualmente.

BUTTS, T. Formulando problemas adequadamente. In: KRULIK, S.; REYS, R. E. **A Resolução de Problemas na matemática escolar.** Tradução: Hygino H. Domingues e Olga Corbo. São Paulo: Atual, 1997. p. 32-48.

Esse capítulo, que integra diversos artigos científicos do NCTM, principalmente da década de 1980, trata da proposta científica de Thomas Butts, para trabalharmos de forma mais metodológica a tendência de Resolução de Problemas de Matemática numa perspectiva da Educação Matemática.

D'AMBROSIO, U. **Educação matemática:** da teoria à prática. Campinas: Papirus, 1996.

Essa obra é um excelente ensaio de Ubiratan D'Ambrosio e traz uma série de reflexões desse brilhante educador sobre algumas concepções, como as de educação, currículo, avaliação, ciência, além de inúmeras outras relações contemporâneas da Educação Matemática.

D'AMORE, B. **Epistemologia e didática da matemática.** São Paulo: Escrituras, 2005.

Essa obra é uma coletânea com contribuições sobre a epistemologia e a didática da Matemática com relação à Educação Matemática, em especial a Didática da Matemática Francesa.

FONSECA, M. da C. F. R. et al. **Letramento no Brasil:** habilidades matemáticas. São Paulo: Global, 2004.

Essa obra trata de um dos temas mais relevantes no que se refere à educação matemática dos cidadãos, que é o conceito de letramento em habilidades matemáticas, trazendo à tona a questão da matemática funcional ou utilitária, e não somente a matemática pura, numa visão de ciência ao alcance de poucas pessoas, que a torna um conhecimento excludente.

PAIS, L. C. **Didática da Matemática**: uma análise da influência francesa. 2. ed. Belo Horizonte: Autêntica, 2002.

Essa obra apresenta conceitos fundamentais de uma tendência que ficou conhecida como **Didática da Matemática Francesa***, baseada em pesquisas de educadores matemáticos franceses que desenvolveram um modo próprio de ver a educação centrada na questão do ensino da Matemática. Esse autor é um dos maiores especialistas dessa tendência no país e o leitor irá familiarizar-se com conceitos como Transposição Didática, Contrato Didático, obstáculos epistemológicos e engenharia didática.*

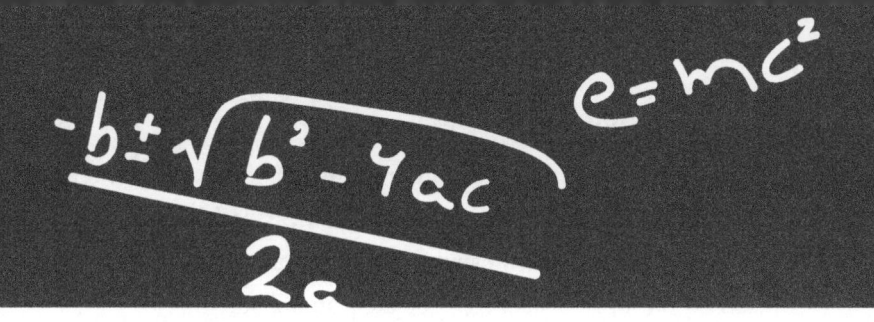

Gabarito

Capítulo 1

Atividades de Autoavaliação

1. F, V, F, V.
2. c
3. V, V, F, V.
4. c
5. F, F, V, F, V.

Atividades de Aprendizagem

1. Esta questão busca identificar o nível de entendimento e de reflexão que o leitor teve em relação às didáticas da Matemática que mais influenciam(ram) os professores em suas práticas pedagógicas no Brasil, da década de 1980 até a atualidade.
2. Em virtude do emprego do termo *situação didática* na Didática da Matemática Francesa, apesar de não termos enfatizado formalmente essa questão, apresentando apenas alguns exemplos, buscamos, nesta atividade, que o leitor explicite seu conceito sobre esse termo, com base nas leituras do livro e em outras fontes sugeridas.

Capítulo 2

Atividades de Autoavaliação

1. V, F, V, F.
2. b
3. F, V, V, F.
4. d
5. F, V, F, V, V.

Atividades de Aprendizagem

1. Esta questão busca **identificar** o nível de entendimento e de reflexão que o leitor teve em relação à Resolução de Problemas e à influência desta na prática pedagógica do professor de Matemática no Brasil.
2. No texto pudemos verificar que a palavra *heurística* pode vir a ser interpretada de diversas maneiras. Com esta questão, queremos que o leitor identifique o real significado da heurística na didática

da Matemática, em especial na Resolução de Problemas.
3. Esta atividade serve para constatarmos se o leitor consegue identificar exercícios em livros didáticos de Matemática que contemplem o quarto tipo de problema na classificação de Butts (1997), ou seja, problemas de pesquisa aberta. Com isso, poderá vir a refletir sobre a quantidade e a qualidade das atividades dessa natureza sugeridas nos livros didáticos e sobre a importância do trabalho com essa categoria ou tipo de problema no processo de ensino-aprendizagem da Matemática.

Capítulo 3

Atividades de Autoavaliação

1. F, V, F, V.
2. d
3. F, F, V, V.
4. a
5. V, V, F, F, V.

Atividades de Aprendizagem

1. Com esta atividade, desejamos identificar algumas das opiniões e das reflexões feitas pelo leitor a partir das leituras dos estudos apresentados sobre avaliação e, principalmente, com base nas experiências docentes individuais no processo de ensino-aprendizagem da Matemática.
2. Esta atividade solicita que o leitor aprofunde seus conhecimentos, de forma reflexiva, sobre pelo menos uma das avaliações externas descritas neste livro. Com isso, pretendemos criar uma cultura de análise a respeito dos modelos de avaliação, que normalmente são impostos aos professores, sem que estes conheçam suas intenções,

finalidades, ou seja, de que ideias são provenientes, para que servem e quais os fins ou objetivos a que se prestam.

Capítulo 4

Atividades de Autoavaliação

1. V, F, V, V.
2. b
3. V, V, F, F.
4. c
5. F, V, F, V, V.

Atividades de Aprendizagem

1. Com esta atividade, visamos identificar algumas das concepções do leitor em relação às seguintes questões: a Matemática, a Educação Matemática, o ensino da Matemática, a aprendizagem da Matemática e, principalmente, a avaliação numa perspectiva de Educação Matemática. Para tanto, faz-se necessário que o leitor reflita a respeito das pesquisas apresentadas sobre o assunto, numa perspectiva de Educação Matemática.
2. Com essa atividade, temos a intenção de fazer com que o leitor desta obra que tenha formação clássica em licenciatura em Matemática possa refletir sobre algumas das propostas de avaliação que priorizam o processo de ensino-aprendizagem da Matemática por parte dos alunos, além de difundir a prática de pesquisa sobre temas tão importantes para a formação continuada dos(as) professores(as) ou futuros(as) docentes dessa área do conhecimento humano.

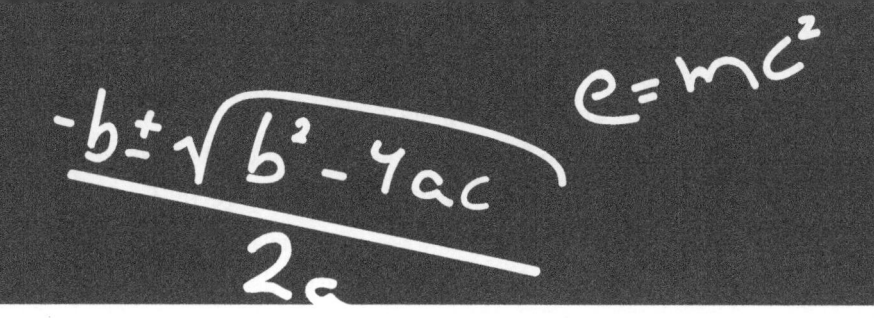

Sobre o autor

Marcelo Wachiliski, paranaense natural de Curitiba, nasceu em 28 de julho de 1968. É licenciado em Matemática pela Universidade Federal do Paraná (UFPR), especialista em Informática e Educação pelas Faculdades Integradas Espírita (Fies) e mestrando em Educação na linha de Educação Matemática pela UFPR. De 1997 a 2001, trabalhou como professor de Matemática no ensino fundamental e no ensino médio em escolas particulares de Curitiba. Desde 2000, é professor concursado da Rede Municipal de Ensino (RME) de Curitiba, em que já lecionou para turmas de 5ª a 8ª séries. Em 2003, assumiu na RME a coordenação da área de Matemática, além de ser responsável pela elaboração curricular e pela produção de materiais didáticos nessa área e de atuar como professor capacitador nas escolas da RME. É autor de livros didáticos de Matemática para as séries iniciais do ensino fundamental e para o ensino de jovens e adultos (EJA) de 5ª a 8ª séries.

Os papéis utilizados neste livro, certificados por instituições ambientais competentes, são recicláveis, provenientes de fontes renováveis e, portanto, um meio responsável e natural de informação e conhecimento.

FSC
www.fsc.org
MISTO
Papel produzido
a partir de
fontes responsáveis
FSC® C103535

Impressão: Reproset
Julho/2021